センサと機械学習ではじめる人間行動認識

human activity recognition

触って動かして理解するセンサデータ処理

著：荒川 豊　石田 繁巳　松田 裕貴
　　中村 優吾　安本 慶一

電気書院

目　次

1　はじめに ─────────────────────── 1

2　人間行動認識の概要 ───────────────── 3
　2.1　人間行動の定義　3
　2.2　人間行動認識の目的　3
　2.3　人間行動認識の構成　5

3　データ計測 ────────────────────── 7
　3.1　人間行動認識に利用できるデータ　7
　　3.1.1　カメラ（時系列映像データ）　8
　　3.1.2　慣性センサ（加速度・ジャイロ・磁気）　8
　　3.1.3　環境センサ（気圧・温度・湿度・照度）　8
　　3.1.4　振動センサ　9
　　3.1.5　GPS（位置センサ）　9
　　3.1.6　電波センサ（Wi-Fi・Bluetooth・UWB）　9
　　3.1.7　音響センサ・超音波センサ　10
　　3.1.8　心拍センサ・脈拍センサ　10
　　3.1.9　設置型センサ　11
　3.2　センサを搭載したデバイス　11
　　3.2.1　スマートフォン　11
　　3.2.2　ウェアラブルデバイス　13
　　3.2.3　汎用マルチセンサデバイス　16
　　3.2.4　センサデバイスを自作する　18
　3.3　ラベル付け　23
　　3.3.1　ラベル付けの種類と方法　24
　　3.3.2　ラベル付けツール　26

4 データ前処理 — 27
- 4.1 一般的な手順　27
- 4.2 データクレンジング　29
- 4.3 データフィルタリング　30
- 4.4 データセグメンテーション　32
- 4.5 特徴量抽出手法　34
- 4.6 特徴量選択・次元削減手法　36
- 4.7 データ正規化・標準化手法　38
- 4.8 ライブラリ　39

5 機械学習 — 41
- 5.1 機械学習の分類　41
- 5.2 分類問題と回帰問題　43
- 5.3 代表的な教師あり学習アルゴリズム　44
  - 5.3.1 線形回帰　44
  - 5.3.2 ロジスティック回帰　45
  - 5.3.3 決定木　45
  - 5.3.4 ランダムフォレスト　46
  - 5.3.5 k-最近傍法　47
  - 5.3.6 ナイーブベイズ　48
  - 5.3.7 サポートベクターマシン　49
  - 5.3.8 ニューラルネットワーク　49
  - 5.3.9 XGBoost　51
  - 5.3.10 LightGBM　51
- 5.4 教師あり学習手法の選択方法　53
- 5.5 ライブラリの紹介　54
  - 5.5.1 ランダムフォレスト　54
  - 5.5.2 サポートベクターマシン　56
  - 5.5.3 LightGBM　58

6 評価 — 63
- 6.1 検証法　63
  - 6.1.1 ホールドアウト検証　64

  6.1.2　基本的な交差検証　64
  6.1.3　高度な交差検証　65
6.2　回帰問題の評価指標　66
6.3　分類問題の評価指標　67
6.4　ハイパーパラメータ　68
6.5　過学習・未学習　69
6.6　検　定　70
6.7　ライブラリの紹介　71

7　実例で学ぶ人間行動認識（サンプルコード付き）――― 73
7.1　実例0：オープンデータセットを用いた行動認識　73
  7.1.1　概要（シナリオ）　73
  7.1.2　WISDM（Wireless Sensor Data Mining）について　73
  7.1.3　Pythonを用いた行動認識プログラムの実装例　74
  7.1.4　まとめ　82
7.2　実例1：単一ウェアラブルセンサを用いた行動認識　82
  7.2.1　概要（シナリオ）　82
  7.2.2　データセットの概要　83
  7.2.3　特徴量の抽出　83
  7.2.4　モデルの学習と評価　84
  7.2.5　まとめ　85
7.3　実例2：棒体操の種目認識　90
  7.3.1　概要（シナリオ）　90
  7.3.2　データセットの概要　90
  7.3.3　特徴量の抽出　92
  7.3.4　モデルの学習と評価　92
  7.3.5　まとめ　93
7.4　実例3：複数センサを用いた体幹トレーニング種目推定　97
  7.4.1　概要（シナリオ）　97
  7.4.2　データセットの概要　98
  7.4.3　特徴量の抽出　98
  7.4.4　モデルの学習と評価　98
  7.4.5　まとめ　98
7.5　実例4：発電素子を用いた人間行動認識　103

- 7.5.1 概要（シナリオ） 103
- 7.5.2 データセットの概要 103
- 7.5.3 特徴量の抽出 103
- 7.5.4 モデルの学習と評価 104
- 7.5.5 まとめ 104
- 7.6 実例 5：SALON（生活行動認識） 109
  - 7.6.1 概要（シナリオ） 109
  - 7.6.2 SALON データセットの説明 110
  - 7.6.3 Python を用いた生活行動認識技術の実装例 111
  - 7.6.4 まとめ 115

8 おわりに ——— 117

索引 119

1 はじめに

　1989 年に提唱された，コンピュータが社会や生活の至るところに存在するというユビキタスコンピューティングの概念は，この 30 年で現実のものとなった．小学生から高齢者に至るまで，ほとんどの人間がスマートフォンを所持し，常にインターネットにつながった状態で生活している．インターネットならびにクラウドに蓄積された膨大な情報を学習し，人間のように応答する ChatGPT といった AI も登場し，いよいよコンピュータと人間の共生が近づいている．

　我々人間は，生まれてから死ぬまで，日々，何かを考え，何らかの行動をしている．ユビキタスコンピューティングをより，人に寄り添ったものにするには，コンピュータがもっと人間の状態を理解する必要がある．そのため，人間が何を考え，どのような行動をしているのかを把握する人間行動認識（HAR：Human Activity Recognition）に関する研究が注目されている．人間の行動分類は，5 年ごとに総務省統計局が実施している社会生活基本調査（世界的には Time Use Survey と呼ばれる調査）における定義が参考になり，歩行や食事，睡眠といった肉体的な行動，喜怒哀楽やストレスといった内面的な状態，さらに，位置情報などの周辺環境も認識対象になる．それらをどのようなセンサで計測し，どのようなアルゴリズムで識別するのかが研究対象となる．

　行動認識で用いられる代表的なセンサは，カメラである．深層学習の進展により，画像認識精度が飛躍的に高くなり，顔認証システムや防犯システムとして普及が進んでいる．しかしながら，プライバシーの観点から，屋内，特に自宅内での行動認識では普及が進んでいない．この 10 年で広がったセンサは，ウェアラブルのセンサである．スマートフォンやスマートウォッチなど，小型軽量なモバイルデバイスには，加速度センサやジャイロセンサが搭載されており，歩数計や睡眠計測に活用されている．最近では，脈拍の常時計測もあたり前となり，機種によっては体温や SpO_2，心電，皮膚電気反応，なども計測可能になっている．

1　はじめに

　本書は，これから人間行動認識に取り組む研究者およびエンジニアに向けて，人間行動認識に必要なセンサ，データ処理，機械学習アルゴリズムなどの基礎知識を一気通貫で学べるようにしたものである．実データ・実プログラムを通じて，手を動かしながら人間行動認識の基礎を身につけられることを期待する．

2 人間行動認識の概要

まず，人間行動認識の定義，目的，構成について説明する。

2.1 人間行動の定義

人間は，常に動いており，それらすべてが「行動」の一つと言えるが，広く用いられている定義として，総務省が実施している社会生活基本調査における行動分類がある。この調査は，海外では Time Use Survey と呼ばれ，多くの国々で実施されており，行動分類は若干異なる。日本では，5年に一度実施され，最新の調査は令和3年10月に実施されている。そこで用いられた調査票[*1]はA，Bの2種類がある。調査票Aでは1日の行動を20種類に分類（表2-1に示す）しており，調査票Bでは大分類6種類，中分類22種類，小分類90種類で構成している。

このような代表的な行動に加えて，より詳細な行動や特定環境においてのみ発生する行動もある。例えば，見守りを目的とした転倒検知，乗り物の種類判定，フィットネスの種類判定，最近ではオンライン会議中の行動までも認識対象となっている。さらに，人の内面的な状態についても対象となってきており，ストレス，ワーク・エンゲイジメント，QoL（生活の質）などを対象とした行動認識の研究も行われている。

2.2 人間行動認識の目的

人間行動認識の目的は，人間社会に情報技術をスムーズに浸透させることである。人と人のコミュニケーションでは，相手が何を欲しているかを察して，その文脈で円滑な会話を行うことができる。例えば，二人で話していて「牛丼

[*1] 統計局ホームページ／令和3年社会生活基本調査
https://www.stat.go.jp/data/shakai/2021/index.html

2　人間行動認識の概要

表 2-1　20 種類の行動分類

区分	行動の種類	内容例示
1次活動	1　睡眠	夜間の睡眠，昼寝，仮眠
	2　身の回りの用事	洗顔，入浴，トイレ，身じたく，着替え，化粧，整髪，ひげそり，理・美容室でのパーマ・カット
	3　食事	家庭での食事・飲食，外食店などでの食事・飲食，学校給食，仕事場での食事・飲食
2次活動	4　通勤・通学	自宅と職場・仕事場との行き帰り，自宅と学校（各種学校・専修学校を含む）との行き帰り
	5　仕事	通常の仕事，仕事の準備・後片付け，残業，自宅にもち帰ってする仕事，アルバイト，内職，自家営業の手伝い
	6　学業	学校（小学・中学・高校・高専・短大・大学・大学院・予備校など）の授業や予習・復習・宿題
	7　家事	炊事，食後の後片付け，掃除，ごみ捨て，洗濯，アイロンかけ，つくろいもの，ふとん干し，衣類の整理・片付け，家族の身の回りの世話，家計簿の記入，庭の草取り，銀行・市役所等の用事，車の手入れ，家具の修繕
	8　介護・看護	家族あるいは他の世帯にいる親族に対する日常生活における入浴・トイレ・移動・食事等の動作の手助け，看病
	9　育児	乳児のおむつの取り替え，乳幼児の世話，子供の付添い，子供の勉強の相手，授業参観，子供の遊びの相手
	10　買い物	食料品・日用品・耐久消費財・レジャー用品等各種の買い物
3次活動	11　移動（通勤・通学を除く）	電車やバスに乗っている時間，待ち時間，乗換え時間，自動車に乗っている時間，歩いている時間
	12　テレビ・ラジオ・新聞・雑誌	テレビ・ラジオの視聴，新聞・雑誌の購読
	13　休養・くつろぎ	家族との団らん，仕事場または学校の休憩時間，おやつ・お茶の時間，うたたね，食休み，一人で飲酒
	14　学習・研究（学業以外）	各種学校・専修学校，学級・講座，教室，社会通信教育，習い事
	15　趣味・娯楽	映画・美術・スポーツなどの観覧・鑑賞，クラブ活動・部活動で行う楽器の演奏，読書，ドライブ，ゲーム
	16　スポーツ	各種競技会，全身運動を伴う遊び，家庭での美容体操，運動会，クラブ活動・部活動で行う野球など
	17　ボランティア活動・社会参加活動	道路や公園の清掃，バザーの開催，献血，青少年活動，リサイクル運動，交通安全運動
	18　交際・付き合い	訪問，来客の接待，会食，知人との飲食，冠婚葬祭・送別会・同窓会，電話，手紙を書く
	19　受診・療養	病院での受診・治療，健康診断，自宅での療養
	20　その他	求職活動，墓参，調査票の記入

が食べたいな」と言えば，今から（時間情報）近く（場所情報）で，2名（人数情報）で入れる牛丼屋（吉野家でも松屋でもすき家でも良い）ということが瞬時にわかる．一方，Google Home など VUI（Voice User Interface）と話す場合，これらの情報を一つずつ説明する必要があり，機械と対話している感が否めない．もし，人間行動認識に関する研究が進めば，このような状況でも種々のセンサによって状況を理解し，人との対話に近づけるかもしれない．

　もう一つの目的は，長期，継続的な計測による安心安全の提供である．転倒しても周りに人がいなかったら誰も助けてくれない，体調が悪くて病院に行ってもそのときの調子がよければ発見できない，といった問題を人間だけで解決するのは困難である．しかしながら，センサと人間行動認識技術があれば，いつでもどこでもセンサが見守り，何かあれば通知するといったことが可能になる．実際，2022年から iPhone や Apple Watch には，衝突事故検出機能が搭載され，大きな衝撃を検知した場合は SOS が送られるようになっている．

2.3　人間行動認識の構成

図 2-1　行動認識の三つのステップ

　行動認識は，図 2-1 に示すように，大きく三つのステップから構成される．まず，第 1 のステップは対象に応じて，適切なセンサを選択すること，あるいは，新たなセンシング手法を提案することである．第 3 章で詳しく述べるが，スマートフォンやウェアラブル機器に内蔵されたセンサを使う研究も多い．ただし，環境発電素子である太陽電池やピエゾ素子を場所認識と行動認識のためのセンサとして活用したり，スマートフォンの入出力となるタッチ操作の挙動をセンサとして活用したり，通信に使われる Wi-Fi[*2] の電波の揺らぎを行動認識センサとして使うなど，本来センサではないものを行動認識のためのセンサとして活用する研究が進んでいる．

---

*2　Wi-Fi は Wi-Fi Alliance の登録商標である．Wi-Fi 認証を取得した機器を Wi-Fi 機器と呼ぶが，本書では Wi-Fi 認証の取得有無に関わらず無線 LAN 通信を Wi-Fi，無線 LAN 機器を Wi-Fi 機器と表記する．

5

次のステップは，第4章で説明する「データの前処理」である。人間行動認識は，実際の生活空間で利用されることから，人やデバイスによる違い，環境からの外乱などに頑強である必要がある。例えば，同じ歩行をしていたとしても，スマートフォンをどのポケットに入れているか次第で計測データは異なる。まして，途中でスマートフォンを操作した場合は，操作に伴う動きのデータが交じることになる。さらに，同じ機種であってもセンサには個体差があり，同じ動作でも同じ値とならないこともある。そのため，観測した生データに対して，正規化，標準化，外れ値処理といった前処理を適用する必要がある。

そのうえで，第5章で述べる特徴量抽出を行う。人間行動認識では，時系列データを用いることが多い。そのため時間ドメインの特徴量と周波数ドメインの特徴を計算することが多い。どの特徴を用いるとよいかという点については，特徴量の寄与率（Feature Importance）を求め，後から絞り込む。

その後，第3のステップとして，第6章で解説する機械学習を適用する。行動認識に関する研究では，先に対象を決定してセンサを選択することから，ラベル（正解）付きデータを用いる教師あり機械学習による行動識別や行動予測（回帰）が多い。代表的な機械学習としては，サポートベクターマシン（SVM：Support Vector Machine）やランダムフォレスト（Random Forest）が用いられる。最近では，ライブラリを活用して，種々の機械学習を同時に評価することも可能になっている。

最後に，第7章で解説するさまざまな指標で，機械学習の結果を評価し，特徴量の見直しや機械学習手法の変更，パラメータの調整を行い，再度評価するという手順を繰り返すことで，人間行動認識が実現可能となる。

3　データ計測

3.1　人間行動認識に利用できるデータ

　人間の行動を認識するためには，人間の行動によって変化する何らかの物理量を，センサを用いて取得する必要がある．人間の行動は色々な物理量に影響を与えるため様々なセンサを利用可能であるが，センサによってデータの分解能が大きく異なる．図 3-1 は人間行動認識に利用可能なセンサの分解能を示している．分解能には，センシング対象の物理的な大きさという観点の空間分解能，データを取得する時間間隔という観点の時間分解能の二つの観点があり，

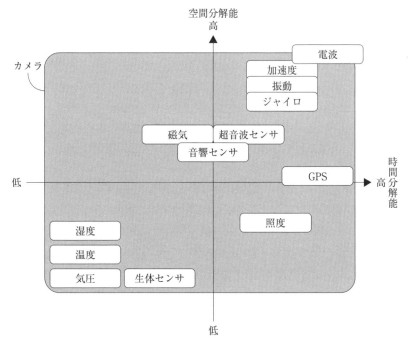

図 3-1　人間行動認識に利用可能なセンサの空間・時間分解能

3 データ計測

図ではこれらを二つの軸として各センサがどの程度の分解能をもつのかを示している。センサの選定では，センサ自身の空間分解能・時間分解能に加えて，センシング対象がセンサに影響を与えて計測可能となるまでに時間がかかる点も考慮に入れる必要がある。

3.1.1 カメラ（時系列映像データ）

カメラを用いることで人間の行動に関する様々な情報を取得できることから，人間行動認識に向けてカメラは広く利用されている。

RGB（Red-Green-Blue）カメラや 3D（深度）カメラを監視カメラとして設置している場合には，この映像を分析して人間の検出や行動認識などを行うことが可能である。境界線を通過した人の数をカウントすることで混雑度をセンシングする手法なども報告されている。

近年では小型のウェアラブルカメラが普及しており，360度の撮影が可能な小型カメラを身に付ければ人間が行動しながら周囲をセンシングすることも可能である。

3.1.2 慣性センサ（加速度・ジャイロ・磁気）

慣性センサとは，物体の動きや姿勢を検知するセンサの総称であり，加速度センサ，ジャイロセンサ，磁気センサなどがある。慣性センサは，物体に加わる外部力や重力を検知し，それを数値化することで物体の動きや姿勢を測定することができる。現在は，微細な MEMS（Micro Electro Mechanical Systems）技術が進展し，いずれのセンサも超小型化されており，スマートフォンを始め，スマートウォッチなど様々なものに搭載されている。磁気センサは一般には方位を測るために用いられるが，屋内環境では建物の鉄骨などの残留磁気を測定することで，磁気センサ自体の移動や位置を測定することができる。

3.1.3 環境センサ（気圧・温度・湿度・照度）

環境センサとは，周囲の環境条件を計測するセンサであり，気圧センサ，温湿度センサ，照度センサなどがある。環境センサは，環境の変化によって電気特性が変化する材料を利用する。例えば，温度センサは，温度によって電気抵抗値が変化する半導体や金属が用いられる。他にも，2 接点間の温度差により起電力が発生する現象（ゼーベック効果）を利用した熱電対式温度センサなどもある。湿度や気圧，照度についても同様に，それらの変化に応じて，静電容量や抵抗値が変化する材料を用いることで，物理現象を数値化している。ただし，いずれのセンサも，測定範囲や測定精度，適用する環境などに応じて，適切な温度センサを選択する必要がある。

3.1.4 振動センサ

振動センサは，振動に変化によって電気特性が変化する材料を利用した，振動検知あるいは振動量の計測をするものである．例えば，ピエゾセンサは振動が変化すると内部で電圧が発生するピエゾ素子（圧電素子ともいう）を用いており，電圧を検出することで振動を計測する．ピエゾセンサ以外にも，磁気式振動センサや光学式振動センサなどがある．各種振動センサは，その測定範囲や測定精度，適用する環境などによって異なるため，目的に応じた適切な振動センサを選択する必要がある．

3.1.5 GPS（位置センサ）

GPS（Global Positioning System）は，人工衛星を利用した測位システムである．GPSは，世界中で測位することができるため，移動体の測位やナビゲーションに広く利用されている．

GPSは，米国の政府が運用している．GPSは，現在30基以上の人工衛星で運用されており，それらの衛星は，地球の軌道上に配置されている．GPSを利用するには，地球表面にあるGPSレシーバと呼ばれる装置が必要である．GPSレシーバは，複数の人工衛星から受信した信号を処理することで，現在地を測定することができる．GPSレシーバを内蔵したスマートフォンの普及により，自動車の移動やランニングなどの運動計測において位置情報の活用が進んでいる．

3.1.6 電波センサ（Wi-Fi・Bluetooth・UWB）

Wi-FiやBluetooth，UWB（Ultra Wide Band）などの無線通信では，送信機から送信された電波は壁や天井で反射しながら受信機に到達するため，送信機と受信機の間に障害物があっても通信可能である．電波が壁や天井で反射しながら受信機に到達するまでの経路は様々であり，各経路の長さ，つまり，送信機から受信機までの距離は電波が通る経路によって異なる．このため，受信機は様々な経路を通ってきた送信信号が合成された結果を観測することになる．

無線通信では様々な経路を通って変化してしまった送信信号を元の信号に復元することで通信を実現している．元の送信信号に復元する過程には，送信機から受信機までに電波が通過した環境の情報が必須である．このため，送信信号を復元する際に使われる情報を無線通信モジュールから取得することで，電波が通過した環境をセンシングすることができる．送信信号を復元する際に使われる情報を取り出す代表的な例としては，Wi-FiにおけるCSI（チャネル状態情報：Channel State Information）がある．

ドップラー効果を用いて物体の速度や運動を検出するセンサは，電波センサの中でもドップラーセンサと呼ばれる．電波を物体に向けて送信すると，その反射波の周波数は物体の移動によって変化する．このため，送信した周波数と反射してきた周波数の差を分析することで，物体の速度や運動方向を推定することができる．

3.1.7 音響センサ・超音波センサ

音響センサは，音波を検出して電気信号に変換する装置である．広く利用されている音響センサはマイクロフォンであり，音を検知するだけでなく，音の大きさや，音の周波数を取得することができる．また，複数のマイクロフォンを規則的に並べることで，音の到来方向の推定や音響信号の分離などができる．

音響センサは主に受動的に音を検知して分析するパッシブ音響センシングで用いられるが，スピーカから音響信号を送信して音響センサで音響信号を取得するアクティブ音響センシングに用いられることもある．アクティブ音響センシングでは，スピーカから任意の音響信号を送信することができるため，その音の反響の仕方などを分析することで，周辺の状況をセンシングできる．

アクティブ音響センシングでは，周波数の高い音である超音波を用いることも多い．超音波を用いる音響センサは超音波センサと呼ばれ，一般的な音響センサとは区別されている．一般的な音響センサで用いられる可聴音と比べて超音波は直進性が高く，時間分解能も高いことから正確な到来方向推定や距離の測定などに利用される．コウモリのように，超音波を周辺に送信してその反響音を超音波センサで取得すれば，周囲に存在する物体を認識することができる．

3.1.8 心拍センサ・脈拍センサ

心拍センサや脈拍センサは，心拍数や脈拍数を測定するためのセンサである．測定対象が心拍数であるのか，脈拍数であるのかで区別されている．

心拍センサは，心臓の収縮と拡張の周期を検出して心拍数を測定するセンサである．心拍数は，心臓の電気的な活動に対し，電極を通じて検出する電気式心電計によって計測する．心臓の電気信号は皮膚の表面に微弱な電気信号として現れるため，体表に取り付けた電極で心臓の拍動を検出することができる．

これに対し，脈拍センサは動脈内の血液が拍動することによって生じる振動を検出して，脈拍数を測定するセンサである．脈拍数は，皮膚の表面から光を照射し，血液中のヘモグロビンの吸収率の変化を検出する光学式脈拍センサによって測定する．この方式は，ウェアラブルデバイスで広く使用されており，リアルタイムに脈拍数を監視するのに適している．

3.1.9 設置型センサ

宅内などの特定の閉空間における行動認識においては，環境側に設置したセンサを用いることが可能である．例えば，人感センサ，ドアセンサ，環境センサ，電力センサ，俯瞰カメラ，俯瞰 LiDAR などがある．

人感センサは，人体が発する赤外線を受信することで人を検知する受動型赤外線（PIR）センサなどを用いて人の存在を検知することができる．ドアセンサは，様々な方式があるがドアとドア枠が近接しているかどうかを検知するセンサ（磁石と磁気センサの組み合わせ）などを用いてドアの開閉状況を検知することができる．環境センサは，温度や湿度，照度など様々な環境データを収集可能なセンサである．カメラ・LiDAR（Light Detection And Ranging）はそれぞれ 2 次元・3 次元の映像を取得することができる映像取得デバイスであるが，これらを利用する場合にはプライバシーへの配慮が必要となる．

3.2 センサを搭載したデバイス

3.2.1 スマートフォン

多くの人が日常的に使用するスマートフォンにも多様なセンサが搭載されており，そのデータを行動認識に役立てることが可能である．スマートフォンに搭載されているセンサには一般的なものからニッチなものまで様々ある．

市販のスマートフォンの多くに標準的に搭載されているセンサの一般的な用途を以下に示す．

- 加速度センサ（Accelerometer）…端末の動きや傾きを検出することができるセンサであり，主に，歩数計アプリや運動トラッキング，デバイスの画面向きの自動回転，ゲームでの操作などに利用される．
- GPS（Global Positioning System）…衛星を利用して位置情報を取得するシステムであり，主に，地図アプリやナビゲーション，位置情報を利用したソーシャルメディア投稿，位置情報を基にした広告配信などに使用される．
- 角加速度センサ・ジャイロスコープ（Gyroscope）…端末の回転や向きの変化を検出するセンサであり，主に，VR/AR アプリケーションやゲームの操作，画像の安定化，デバイスの画面向きの自動回転などに利用される．

- 磁気センサ（Magnetometer）…地球の磁場を検出するセンサであり，主に，コンパスアプリやナビゲーション，屋内測位，AR アプリケーションの方向認識などに使用される．
- 近接センサ（Proximity Sensor）…端末の近くにある物体の検出，または物体との距離を概測するセンサであり，主に，通話中の画面消灯やポケットモード，自動ロックなどに利用される．
- 環境光センサ（Ambient Light Sensor）…周囲の明るさを測定するセンサであり，主に，画面の明るさ調整やバッテリー消費の最適化に使用される．
- 気圧センサ（Barometer）…大気圧を測定するセンサであり，主に，高度計アプリ，天気予報アプリ，健康管理アプリなどに使用される．
- 温湿度センサ（Temperature and Humidity Sensor）…温度と湿度を測定するセンサであり，主に，天気予報や室内環境の管理，健康管理アプリなどに使用される．
- カメラ（Camera）…周囲の情報を映像として取得するセンサであり，主に，写真・動画撮影や各種コード（QR コードなど）の読み取りなどに使用される．
- マイク（Microphone）…周囲の情報を音（音声）として取得するセンサであり，主に，動画撮影や録音，音声認識によるスマートフォン機能の利用などに使用される．

また，近年のスマートフォンには，以下のようなより先進的なセンサの搭載も進んでおり，より高度なデータを用いた行動認識を実践できる可能性がある．

- LiDAR センサ（Light Detection and Ranging Sensor）…光を利用して物体との距離を測定するセンサであり，主に，AR アプリケーション，3D スキャニング，3D マッピングなどに使用される．
- 指紋センサ（Fingerprint Sensor）…人の指紋を認識するセンサであり，デバイスのロック解除や認証に用いることでセキュリティ向上を図るために使用される．画面内蔵型や物理ボタン型などがある．

iOS や Android などのスマートフォン向け OS では，開発者が利用できる豊富な SDK やライブラリが提供されていること，他のスマートフォンアプリとの連携を可能とする API が数多く提供されていること，常時ネットワークに接続されていることから，行動認識機能の実装や行動認識機能を活用するアプ

リを開発しやすい環境である。

3.2.2 ウェアラブルデバイス

近年では，体に装着可能なウェアラブルデバイス（Wear + able = Wearable）が一般的になりつつあり，より詳細な生体データやモーションデータを収集可能となっている。その多くは日常的な服飾品に置き換わる形で提供されているため，日常生活における行動認識において理想的なセンシング環境を構築することができる。

(1) 腕時計型デバイス

ウェアラブルデバイスの黎明期に広く開発されたのが腕時計型（あるいはリストバンド型）のデバイスである。スマートフォンと同様に，加速度センサや角加速度センサを搭載しており，腕に装着されているという特性を活かした，より詳細な行動認識を行うことが可能となっている。また，手首は心拍・脈波などの主要な生体情報が測定可能な箇所であることから，多くの腕時計型デバイスでは心拍測定機能が提供されている。加えて，Apple 社の提供する Apple Watch[3] などでは，心拍に加えて心電図（ECG：Electrocardiogram）や血中酸素濃度（SpO_2）の測定なども可能となっている。また，睡眠時においても自然に装着しつづけられることから，Google 社の提供する Fitbit[4] などでは，睡眠ステージ（レム睡眠・ノンレム睡眠など）の測定が可能となっている。他にも，Wear OS 搭載スマートウォッチ（Galaxy Watch4 など）[5] や，アウトドア・スポーツに特化した Garmin[6] など，様々なメーカが腕時計型デバイスを販売している。

開発環境はスマートフォンと比較し多様性が高く，スマートフォンと同じ環境で開発が可能な Apple Watch や Wear OS 搭載デバイスに加えて，Javascript をベースとする Fitbit（Ionic など），Monkey C をベースとする Garmin，などが存在する。しかし，開発できる範囲やアクセスできるデータについてはデバイスによって大きく制限を受ける場合があり，すべての機能が利用できるとは限らないことに留意が必要である。例えば，Fitbit についてはすべてのデータへのアクセスには WebAPI（連携する Fitbit スマートフォンアプリからクラウドに同期されたデータに API 経由でアクセスする方法）の利用

---

[3] https://www.apple.com/watch/
[4] https://www.fitbit.com/
[5] https://wearos.google.com/
[6] https://www.garmin.co.jp/products/wearables/

が必要となるデバイスがあり，この場合はリアルタイムな行動認識システムの開発は難しいといえる．

腕時計型デバイスの例を図 3-2 に示す．

Apple Watch

図 3-2　腕時計型デバイスの例

(2) メガネ型デバイス

一般的にスマートグラスとも呼ばれ，人の視覚にアクセスできる特性から，拡張現実（AR）や仮想現実（VR）技術との組み合わせを活用する事例が多く，行動認識と組み合わせることによって人の状況に即し適切な情報提示を行うコンテキストアウェアなサービスを提供することができる．メガネ型デバイスの特徴的な点としては，人の視界に極めて近い位置にセンサを設置することが可能となるため，搭載したカメラにより取得した映像データや人の行動の測定データに基づく高レベルな行動認識が可能となることが挙げられる．

頭部に装着することから，メガネ型デバイスは小型・軽量であることが求められるため，目的に応じて取得できるデータを限定したものが多く見られる．ここでは，代表的なデバイスと搭載するセンサ，用途について紹介する．Google 社の提供する Google Glass Enterprise Edition 2[*7] は，搭載する視界カメラを用いた情報取得により，工場や倉庫での作業を認識するとともに，シースルー型のディスプレイを用いた情報提示によって次の手順や方法について指導する機能を提供している．JINS 社の提供する JINS MEME[*8] は，主に健康管理や集中力向上，疲労検知などを目的としており，加速度センサ・角速度センサに加えて，眼球の動きを捉えることができる電極センサ（EOG：Electrooculography）を搭載していることが特徴である．Pupil Labs 社の提供する，Pupil シリーズ[*9] では，眼球を撮影するカメラデータに基づくアイトラ

＊7　https://www.google.com/glass/
＊8　https://jinsmeme.com/

ッキング(視線追跡)を使用することができる。また,ワールドカメラ(視界を撮影するカメラ)によって取得できるデータと組み合わせることにより,人が現実空間の何に注目しているのかを分析することが可能となっている。

(3) 服型デバイス

近年では布状の機能素材の開発が進んでおり,体に密着する服型のウェアラブルデバイスの開発が進んでいる。シャツ型のデバイスが多く開発されており,心臓付近の体表面をセンシングできることから心運動関連のデータ取得が豊富にできることが特徴である。

東レおよびNTTが共同開発したhitoe[*10]は,体表面から得られる微弱な電位差をウェアやベルトの内側に設置したテキスタイル電極で検出することにより,心電図(ECG)や筋電図(EMG)を測定することが可能である。Hexoskin[*11]は,心電図(ECG)や呼吸パターン(呼吸数や呼吸量),睡眠状況や活動量などの測定が可能である。Sensoria Fitness Tシャツ[*12]は,心拍数を測定するためのテキスタイル電極が組み込まれており,専用の心拍数モニタをシャツに取り付けることで,データを取得可能となる。Myontec Mbody[*13]は,特に下半身の筋肉活動を測定することを目的としたスマートシャツであり,サイクリング,ランニング,ウェイトトレーニングなどの運動の状況をセンシングすることが可能となっている。いずれのデバイスについても,データはスマートフォンやPCなどのデバイスに送信したうえで,専用アプリで分析することが可能であるが,デバイスそのものの機能開発は難しい。

シャツ型デバイスの例を図3-3に示す。

東レ hitoe

図3-3 服型デバイスの例

---

* 9　https://pupil-labs.com/
* 10　https://www.hitoe.toray/
* 11　https://www.hexoskin.com/
* 12　https://www.sensoriafitness.com/
* 13　https://www.myontec.com/

(4) 靴型デバイス

歩行など「足」に関連する行動に特化したウェアラブルデバイスとしては，靴型のウェアラブルデバイスが存在する。

UnderArmour 社の提供する HOVR（ホバー）シリーズ[14] では，右足のインソールにセンサを搭載しており，ランニング時の距離，ペース，スプリットやケイデンス，歩幅，歩行分析など，アプリを介して提供する。NURVV 社の提供する NURVV Run[15] は，圧力センサが 16 個ずつ搭載された中敷き型のウェアラブルデバイスである。ランニングフォームを改善し，運動効果を向上させることを目的として，歩行速度，歩幅，接地時間，足の着地パターンなどのデータを収集することが可能となっている。多くの場合，専用アプリのみが使用可能で，計測データを取得できない。

3.2.3 汎用マルチセンサデバイス

スマートフォンやウェアラブルデバイスでは，OS によってはセンサの生データへのアクセスが限定的になる場合がある。より踏み込んだ行動認識を実践するためには，汎用マルチセンサデバイスを用いる方法が有効である。ここでは，いくつかの汎用マルチセンサデバイスについて紹介する（表 3-1）。

汎用マルチセンサデバイスの例を図 3-4 に示す。

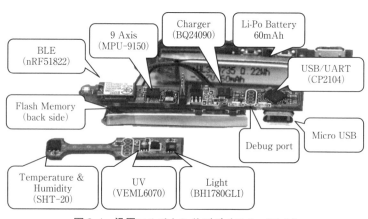

図 3-4　汎用マルチセンサデバイス SenStick2

＊14　https://www.underarmour.com/c/technology/hovr/
＊15　https://www.nurvv.com/

(1) MetaMotion

MetaMotion[*16] は，MbientLab 社によって開発・提供されている小型で低消費電力のウェアラブルデバイスである。いくつかの製品をリリースしているがここでは MetaMotionS について紹介する。MetaMotionS は，加速度センサ，角加速度センサ，磁気センサ，気圧センサ，温度センサ，照度センサなど多様なセンサを搭載している。また，充電式バッテリによる駆動，BLE（Bluetooth Low Energy）による通信が可能となっている。スマートフォンなどの専用アプリを用いてリアルタイムなデータ収集，解析，表示ができるだけでなく，SDK や API も提供されており独自のアプリケーションの開発も可能となっている。現在は，C++・Swift・Javascript・Python・Java の SDK が提供されている。

(2) μPRISM

μPRISM[*17] は，エレックス工業社によって開発・提供されている超小型の IoT センサモジュールである。多様なセンサを搭載しつつも，小型であること（基板は 5.2 × 9.0 × 3.5 mm）と，低消費電力であること（コイン電池で 1 年稼働させることも可能）が特徴的なデバイスである。指先など，センサの小型化が重要となるセンシングにおいては有用と考えられる。一方で，各センサの測定周期が最大 10 Hz となっており，素早い動きを伴う行動認識に用いることは難しいといえる。

[*16] https://mbientlab.com/
[*17] https://www.elecs.co.jp/microprism/

表3-1 汎用マルチセンサデバイス

	MetaMotionS	μPRISM	SenStick
加速度センサ	○（最大 800 Hz）	○（最大 10 Hz）	○（最大 100 Hz）
角加速度センサ	○（最大 800 Hz）	—	○（最大 100 Hz）
磁気センサ	○（最大 25 Hz）	○（最大 10 Hz）	○（最大 100 Hz）
温度センサ	—	○（最大 10 Hz）	○（最大 10 Hz）
湿度センサ	—	○（最大 10 Hz）	○（最大 10 Hz）
気圧センサ	○（最大 50 Hz）	○（最大 10 Hz）	○（最大 10 Hz）
照度センサ	○（最大 50 Hz）	○（最大 10 Hz）	○（最大 5 Hz）
UV センサ	—	○（最大 10 Hz）	○（最大 3 Hz）
サイズ	W：27 × H：27 × D：4 mm	W：5.2 × H：9.0 × D：3.5 mm	W：50 × H：10 × D：10 mm
記憶容量	512 MB	最大 2048 サンプル	32 MB
給電方式	充電式 LiPo バッテリ	コイン電池／有線給電	充電式 LiPo バッテリ
通信方式	BLE	BLE	BLE
SDK・API	C++・Swift・Python・Javascript・Java	Android	Swift・Node.js mruby/c

(3) SenStick

SenStick[*18] は，著者らの研究グループで開発され，Matilde 社によって製造・販売されている小型マルチセンサボードである。MetaMotionS が正方形の形状であるのに対して，こちらは細長い形状となっていることが特徴であり，眼鏡のテンプル（つる）や箸，歯ブラシといった細長い形状のモノに取り付けるのに適している。現在は，Node.js・Swift の SDK が提供されているほか，mruby/c でのファームウェア開発が可能となっている。

3.2.4 センサデバイスを自作する

より自由度の高いセンサデータ収集デバイスが必要である場合には，自身の手でセンサデバイスを開発することも容易に可能となっている。ここでは，センサデバイスを開発するのに便利ないくつかのマイコンシリーズについて紹介する。

自作に使用可能なセンサデバイスの例を図 3-5 に示す。

---

*18 https://senstick.com/

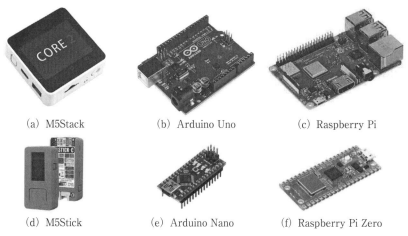

図 3-5　自作に使用できるセンサデバイス

(1) M5Stack

M5Stack[*19] は，M5Stack Technology 社が開発・提供する，オープンソースのモジュール式電子プラットフォームである。基本的なコアモジュールを中心に，センサやディスプレイといった様々な拡張モジュールを簡単に追加・組み合わせることができるモジュール式を採用している。これにより，ユーザは独自の IoT デバイスやプロトタイプを素早く開発できることが特徴となっている。多くのコアモジュールには，Wi-Fi と Bluetooth の無線通信機能をもつ高性能・低消費電力なマイクロコントローラである ESP32（Espressif Systems 社）が使用されている。また，Arduino IDE，MicroPython，UIFlow など，様々なプログラム言語や開発環境をサポートしており，また各センサについてのAPI・SDK・ライブラリも豊富に提供されていることから，自由度の高い開発が比較的容易に行える。

コアモジュール・センサモジュール・通信モジュールのそれぞれについて，多種多様なシリーズ展開がなされていることも特徴的である。以下では各モジュールについて主要なものをいくつか紹介する。

(a) コアモジュール

M5Stack では，様々なサイズ・機能のコアモジュールを展開しており，用途に応じた選択が可能となっている。大まかな分類は以下の通りである。

• M5Stack CORE シリーズ…最もベーシックな正方形のコアモジュールで

[*19] https://m5stack.com/

ある．ESP32 を搭載し，標準的にディスプレイ，ボタン（あるいはタッチスクリーン），スピーカ，通信機能（Wi-Fi・Bluetooth），追加モジュールを接続するためのインタフェース（I^2C や UART）が備わっている．追加モジュールを重ねていく（= Stack させる）ことで一体化したデバイスとして拡張していくことができる．いくつかのモデルがあり，バッテリや 6 軸慣性センサ，マイクなどが追加で搭載されているものも存在する．

- M5Stick シリーズ… M5Stack CORE より小型な長方形のコアモジュールである．ESP32-PICO を搭載し，ディスプレイ，ボタン，6 軸慣性センサ，マイク，バッテリ，通信機能（Wi-Fi・Bluetooth）が備わっている．追加モジュールを接続するインタフェースとしては，GPIO や GROVE[*20] に対応している．ウェアラブルデバイス化するためのバンドなどを取り付けることができる．

- M5ATOM シリーズ… M5Stack シリーズの中で小型なコアモジュールである（ATOM Lite は，24 × 24 mm）．ESP32-PICO を搭載し，ボタン，通信機能（Wi-Fi・Bluetooth），追加モジュール用インタフェース（GROVE）を備えた最小限の構成となっている．

- M5Stamp シリーズ… M5ATOM よりもさらに小さな組込み前提のコアモジュールである．ESP32-PICO を搭載．外部モジュールなどの接続にはピンヘッダやコネクタなどを自身で取り付ける必要があるほか，プログラム書き込み用の USB シリアル変換についても別途準備する必要がある．別のコアモジュールと比較して手軽さはないものの，M5ATOM よりもより小型なデバイスが求められる用途における活用が期待できる．

- その他のコアモジュール… 上記のコアモジュールは ESP32 を搭載しているが，それ以外の CPU を使用しているものも存在する．例えば，M5StickV や M5Stack UnitV では，Dual-Core RISC-V CPU が使用されているほか，M5Stack UnitV2 では，Dual Cortex-A7 CPU（Linux ベース OS を搭載）が使用されている．これらは，上記とは異なるプログラム作成が必要となる場合があるため注意が必要である．

(b) センサモジュール

加速度センサユニット，PIR モーションセンサユニット，光センサユニット，ToF 距離センサユニット，サーマルカメラユニット，マイクユニット，ジェス

[*20] Seed studio 社が開発した，各種センサーや I/O デバイスを統一された 4 ピンのコネクタで接続できる規格である．

チャ認識ユニットを始めとする，多様なセンサモジュールが用意されている。接続方法は，GROVE コネクタを用いるものや，M5Stick 系のコアモジュールに対応するピンコネクタを用いるものなどがある。

(c) 通信モジュール

コアモジュール（ESP32）に標準搭載されている Wi-Fi・Bluetooth 以外の通信方式については，センサ同様にモジュールを追加することで使用することができる。例えば，低消費電力・長距離の無線通信規格の LPWA として，LoRa や Sigfox，LTE-M（LTE Cat.M1）をサポートするモジュールがある。他にも，LTE（4G）や ZigBee，RFID といった，長距離・近距離様々な通信方式を利用することができる。

(2) Arduino

Arduino[21] は，Arduino Foundation および Arduino Holding が開発・提供する，電子プロトタイミングプラットフォームであり，オープンソースのマイクロコントローラボードと統合開発環境（IDE）から構成される。Arduino では，ATmega や ARM Cortex などのマイクロコントローラチップをベースにした多種多様なマイクロコントローラボードが提供されている。それらは，デジタル入出力ピンやアナログ入力ピン，シリアル通信，PWM（Pulse Width Modulation）などの機能を備えている。Arduino の統合開発環境（IDE）についても合わせて提供されており，C/C++ 言語をベースにした Arduino プログラミング言語でスケッチ（プログラム）を作成することが可能となっている。Arduino IDE は，コードの記述，コンパイル，マイクロコントローラボードへのプログラムアップロードが一元化されている。また，Arduino プラットフォームは，多くのサードパーティ製ライブラリやシールド（拡張ボード）に対応しており，センサ，ディスプレイ，モータ，通信デバイスなどのハードウェアや，機能を追加するソフトウェアを簡単に組み込むことが可能となっている。

以下に公式のマイクロコントローラボードの代表的な例を紹介する。この他にも，サードパーティ製の Arduino 互換ボードは多数存在する。

- Arduino Uno … Arduino プラットフォームの代表的なボードで，初心者向けの入門モデルとしても広く使用されている。ATmega328P マイクロコントローラを搭載しており，デジタル入出力ピン 14 本とアナログ入力ピン 6 本を有する。

---

[21] https://www.arduino.cc/

3 データ計測

- Arduino Mega … ATmega2560 マイクロコントローラを搭載しているが，Uno よりも多くのデジタル入出力ピン（54 本）とアナログ入力ピン（16 本）を有する．大規模なプロジェクトや複雑なタスクに適している．
- Arduino Leonardo … ATmega32u4 マイクロコントローラを搭載しており，Uno と似た形状であるものの，USB デバイスとしての機能が強化されている．
- Arduino Nano … Uno と同じ ATmega328P マイクロコントローラを使用しているが，よりコンパクトなフォームファクタで設計されており，小型のプロジェクトに適している．
- Arduino Micro … Leonardo と同じ ATmega32u4 マイクロコントローラを使用しているが，よりコンパクトなサイズで USB デバイス機能を備えている．
- Arduino Pro Mini … Uno と同じ ATmega328P マイクロコントローラを搭載し，コンパクトなフォームファクタで提供されている．開発には USB 変換器が必要だが，電力消費が少なく，省スペースなプロジェクトに適している．
- Arduino Due … 32 ビット ARM Cortex-M3 マイクロコントローラを搭載しており，より高性能な処理が可能となっている．デジタル入出力ピン 54 本とアナログ入力ピン 12 本を有する．
- Arduino MKR シリーズ … MKR シリーズは，IoT プロジェクトに特化した Arduino ボードで，ARM Cortex-M0+ マイクロコントローラと低消費電力を特徴としている．MKR シリーズには，Wi-Fi，LoRa，Sigfox，NB-IoT などの無線通信機能を搭載したモデルがある．

(3) Raspberry Pi

Raspberry Pi[*22] は，Raspberry Pi Foundation が開発した，手のひらサイズの低価格で高性能なシングルボードコンピュータである．オープンソースのハードウェアおよびソフトウェアを使用しており，Linux ベースの Raspberry Pi OS を搭載している[*23]．基本的には「小さい Linux マシン」であるが，汎用入出力ピン（GPIO ピン）が搭載されており，これを使ってセンサ，アクチュエータ，ディスプレイなどの外部デバイスと接続し，制御できることが特徴であ

[*22] https://www.raspberrypi.org/
[*23] 近年では，ハードウェアの性能が向上したことから，他の Linux OS（Ubuntu）や Windows なども利用できるようになった．

る。

　Raspberry Piについても，複数のシリーズ展開がなされており，用途に応じて適したものを利用することができる。以下に，各シリーズについて紹介する。

- Raspberry Pi Model B シリーズ… Model B シリーズは，最初にリリースされた Raspberry Pi モデルで，後継モデルもこのシリーズに属している。1，2，3，4といったバージョンがあり，バージョンごとに性能が向上している。Raspberry Pi 4 Model B では，より高速なプロセッサ，大容量のメモリ，USB3.0 ポート，二つのマイクロ HDMI ポートなどが搭載されている。
- Raspberry Pi Model A シリーズ… Model A シリーズは，Model B シリーズに比べて低消費電力でコンパクトな設計が特徴となっているモデルである。ただし，一部の機能が制限されており，Ethernet ポートや USB ポートの数が少ないなどの違いがある。
- Raspberry Pi 5 … 上記の Raspberry Pi Model A/B の後継シリーズとして発売された最新の Raspberry Pi モデルである。Raspberry Pi 4 と比較し，CPU 性能は 2 ～ 3 倍，GPU 性能も向上している。また，Raspberry Pi 独自開発の I/O コントローラーである RP1 を搭載したことで，カメラ／ディスプレイ／USB などのインターフェイス機能が向上し，新規に PCIe 2.0 が利用できるようになっている。
- Raspberry Pi Zero シリーズ… Zero シリーズは，Model A/B と比較し，非常にコンパクトで低価格なモデルとなっており，IoT デバイスやウェアラブルデバイスなど，省スペースを求めるプロジェクトに適している。Zero W モデルでは，Wi-Fi と Bluetooth が搭載されている。
- Raspberry Pi Compute Module シリーズ… Compute Module シリーズは，Raspberry Pi のコア機能を組み込み向けに提供したモジュールで，カスタムハードウェアや産業用アプリケーションに使用することができる。

3.3　ラベル付け

　後述する教師あり機械学習を用いて「行動認識モデル」を構築するにあたって，行動の正解ラベルをデータに付与する「ラベル付け」は欠かせない。ここでは，ラベル付けの方法および利用できるツールを紹介する。

3.3.1 ラベル付けの種類と方法

どのようなラベル付けの種類があるのかについて紹介するとともに，それぞれの手順について解説する。ラベル付けの種類については，(1) ラベル付けを行う人，(2) ラベル付けを行う方法・タイミング，(3) 付けるラベルの種類・組み合わせの三つの観点で整理できる（図 3-6）。

まず，(1) ラベル付けを行う人については，次の二つに分けられる。

(1-a) 行動認識の対象となる本人がラベル付けを行う方法

行動を行った本人がラベル付けを行うものであるため，多様な行動についてラベル付けが可能である。一方で，ラベル付けを行う基準の設け方によっては，ラベル付け（時間的・空間的にどこからどこまでをラベル付けの範囲とするか，など）の個人差が大きく出てしまう可能性があるため，十分に注意が必要である。

(1-b) 対象者本人とは別のアノテータが本人の様子の観察に基づいてラベル付けを行う方法

行動を行った本人とは別の人がラベル付けをするものであるため，客観的に見て判断可能な行動が主な対象行動となる。ラベル付けが可能な対象行動が限

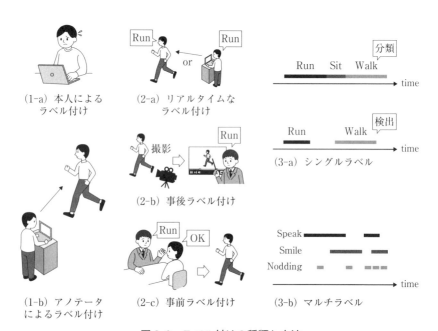

図 3-6 ラベル付けの種類と方法

定される一方で，ラベル付け基準のブレが生じづらいことが利点となる。また，行動のラベル付けに精通した専門家に依頼することでより高度なラベル付けが可能になる可能性がある。

(2) ラベル付けを行う方法・タイミングは，次の三つの方法に分けられる。

(2-a) **対象者が行動をしている最中にリアルタイムにラベルを付ける方法**

対象者が行動をする間に順次ラベルを付けていく方式。行動データを収集し終わるタイミングでラベルデータも付け終わるという時間的な利点がある。また，本人が後で振り返ったとしてもラベル付けが難しい細かい行動などを対象とする場合には，リアルタイムなラベル付けが適している場合がある。一方で，同時にラベル付けをすることによってユーザの行動そのものが影響を受けたり，変化してしまったりする恐れがあるため，十分に注意が必要である。

(2-b) **対象者が行動をしている様子をカメラなどの方法で撮影し，事後にラベルを付ける方法**

対象者が行動をする様子を映像などとして記録しておき，その映像を確認しながら事後にラベルを付ける方法である。リアルタイムな方法とは異なり，時間を巻き戻しながらラベル付けが可能であるため，比較的精緻なラベル付が可能といえる。一方で，ラベル付けにかかる時間は，行動データの収集に掛かった時間と同一かそれ以上となる場合があり，非常に時間的なコストが掛かることが欠点といえる。

(2-c) **あらかじめ対象者が取る行動を事前に決めておき，対象者がそれに従って行動する方法**

行動のシナリオを事前に決めておき，対象者がそれに従って演技することで，ラベル付きのデータセットを構築する方法である。ラベルの数や順序を任意に設定することができるため理想的なデータセットを構築できる一方で，自然な行動ではないため構築できるデータセットのクオリティは演技がどの程度実際の自然な行動を反映できているかに依存する。

最後に，(3) 付けるラベルの種類については，シングルラベル（単一種類のラベル）やマルチラベル（複数種類を合わせたラベル）がある。

(3-a) **シングルラベル**

行動認識において最も一般的なものであり，例えば「歩く」「立つ」「座る」といった行動を分類するためのラベルである。単一行動のシーケンスで構成されることを想定する場合には「シングルラベル」として取り扱い，行動の種別とその行動を取っていた開始・終了時間をラベル付けする。なお，行動を「分

類」するモデルを構築する場合には，すべてのフレームにいずれかの行動ラベルがついている状態になるが，行動を「検出」するモデルを構築する場合には，ラベルがない時間帯が存在する場合もある．

(3-b) マルチラベル

より複雑な状況においては，複数の行動が同時になされることが想定される．このような場合には，シングルラベルを組み合わせ，複数のラベルを同じ時刻に付与することができる「マルチラベル」として取り扱う．各行動ラベルについて，開始・終了時刻を記録する方法や，時系列でその行動をしていたかどうかをフラグとしてもたせる方法がある．

3.3.2　ラベル付けツール

(1) ELAN

ELAN[24] は，マックス・プランク心理言語学研究所が開発・提供している無料のアノテーションツールであり，Windows，macOS，Linux などの幅広い OS にインストールすることで使用することができる．元々は言語データのアノテーションを支援するためのツールであるが，音声，ビデオ，テキストデータなど複数のメディアを同期したアノテーションが可能となっていることから，行動認識などのアノテーションにも使用することができる（つまり，動画や音声を見ながら対応する箇所に行動ラベルを付与することが可能，ということである）．アノテーションは複数種類，かつ階層的に付与することができることから，様々な形式のアノテーションに柔軟に対応することが可能である．

(2) Label Studio

Label Studio[25] は，Heartex 社が主導し開発しているオープンソースアノテーションツールである．Web ブラウザ上で動作させることができる点が特徴的であり，ELAN 同様にローカル環境でのアノテーションに加えて，Web サーバでシステムを稼働させることによって複数人による共同作業によるアノテーションも可能となっている．Docker または Docker Compose（コンテナ型の仮想環境を作成，配布，実行するためのプラットフォーム[26]）を利用して Web サーバを立ち上げる方法，pip（Python のパッケージインストーラ）を使用してローカルにインストールして使用する方法がある．

---

[24] https://archive.mpi.nl/tla/elan
[25] https://labelstud.io/
[26] https://www.docker.com/

4 データ前処理

　人間行動認識は，実際の生活空間で利用されることから，人やデバイスによる違い，環境からの外乱などに頑強である必要がある。例えば，同じ歩行をしていたとしても，スマートフォンをどのポケットに入れているか次第で計測データは異なる。まして，途中でスマートフォンを操作した場合は，操作に伴う動作のデータが交じることになる。さらに，同じ機種であってもセンサには個体差があり，同じ動作でも同じ値にならないこともある。そのため，観測した生データに対して，正規化，標準化，外れ値処理といった前処理を適用する必要がある。本章では，データ前処理の一般的な手順と各処理の詳細について説明する。

4.1 一般的な手順

　加速度センサを用いた行動認識技術に関するデータ前処理の一般的な手順は以下の通りである（図4-1）。

図4-1　前処理手順

- データクレンジング…データクレンジングは，生の加速度データから外れ値や欠損値を検出し，修正または除去するプロセスである。
- データフィルタリング…データフィルタリングは，センサデータからノイズを除去し，信号を平滑化するための手法である。移動平均フィルタ，ガウシアンフィルタ，メディアンフィルタ，バンドパスフィルタなどが一般的に使用される。
- セグメンテーション…セグメンテーションは，連続したセンサデータを一定の時間窓に分割するプロセスである。時間窓は，行動認識タスクに適した長さに設定する必要があり，オーバーラップを設定することで，隣接するウィンドウ間のデータの連続性を維持できる。
- 特徴量抽出…特徴量抽出は，セグメンテーションされたデータから，行動認識に有用な特徴量を抽出するプロセスである。時系列データの統計的特徴，周波数領域の特徴，時空間特徴などがあり，それぞれ異なるアプローチで特徴量が抽出される。
- 特徴量選択・次元削減…特徴量選択・次元削減は，抽出された特徴量の中から最も識別力のある特徴量を選択し，次元を削減するプロセスである。フィルタ法，ラッパー法，埋め込み法などの特徴量選択手法があり，主成分分析（PCA：Principal Component Analysis），線形判別分析（LDA：Linear Discriminant Analysis），t-分布確率的近傍埋め込み（t-SNE：t-Distributed Stochastic Neighbor Embedding）などの次元削減手法が一般的に用いられる。
- データ正規化・標準化…データ正規化・標準化は，特徴量のスケールを揃えるために行われるプロセスである。正規化では，特徴量の値を0から1の範囲にスケーリングする。一方，標準化では，特徴量の平均を0，標準偏差を1に変換する。これにより，特徴量のスケールの違いが学習アルゴリズムに与える影響を軽減できる。

これらの一般的な前処理手順を適切に適用することで，加速度センサデータを行動認識タスクに適した形式に変換し，アルゴリズムのパフォーマンスを向上させることができる。具体的な手法やパラメータの選択は，対象となるアプリケーションやデータセットによって異なり，状況に応じて適切な方法を選択する必要がある。以降では，各項目の詳細を説明する。

4.2 データクレンジング

　データクレンジングは，センサデータを解析するうえで重要な前処理手法である。データクレンジングを行うことで，データの品質が向上し，機械学習アルゴリズムの性能に悪影響を与える可能性のある誤ったデータポイントを排除することができる。例えば，加速度センサを用いた行動認識においては，生の加速度データから外れ値や欠損値を検出し，修正または除去する処理を行う。

　データクレンジングにはいくつかの一般的な手法がある。

---

1. 欠損値の処理

　欠損値は，センサの故障や通信エラーなどによって生じることがある。欠損値を検出した場合，以下の方法で対処できる。

(a) 欠損値を含むデータポイントを削除する。
(b) 欠損値を前後のデータポイントの平均値で補完する。
(c) 時系列データの場合，欠損値を線形補間や最近傍法などで補完する。

2. 外れ値の検出と処理

　外れ値は，センサの誤動作や突発的な衝撃などによって生じることがある。外れ値を検出する方法として，以下が挙げられる。

(a) 統計的手法…平均値からの標準偏差の多いデータポイントを外れ値とみなす。例えば，平均値から3標準偏差以上離れたデータポイントを外れ値として扱う。
(b) クラスタリング手法…データポイントをクラスタに分類し，特定のクラスタから大きく離れたデータポイントを外れ値とみなす。例えば，k-meansクラスタリングを使用する。

　外れ値を検出した場合，以下の方法で対処できる。

- 外れ値を含むデータポイントを削除する。
- 外れ値を前後のデータポイントの平均値で補完する。
- 時系列データの場合，外れ値を線形補間や最近傍法などで補完する。

　これらのデータクレンジング手法を適切に適用することで，加速度センサデータの品質を向上させることができる。データの品質が高まると，行動認識タスクにおいて機械学習アルゴリズムの性能が向上する可能性がある。

　ただし，データクレンジング手法を適用する際には注意が必要である。過度なデータクレンジングは，データの本質的な特徴を損なうことがあり，結果と

4 データ前処理

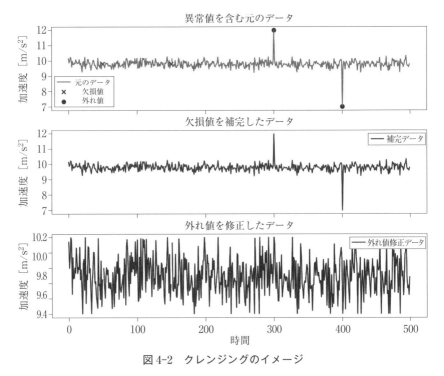

図 4-2　クレンジングのイメージ

してアルゴリズムの性能に悪影響を与えることがある。したがって，データクレンジング手法の選択とパラメータ設定には慎重さが求められる。

具体的なデータクレンジング手法やパラメータの選択は，対象となるアプリケーションやデータセットによって異なる。状況に応じて適切な方法を選択し，データの品質を維持しながら前処理を行うことが重要である。

4.3　データフィルタリング

データフィルタリングは，アルゴリズムの性能に悪影響を与える可能性のあるノイズを排除し，データ分析の精度を向上させる前処理手法である。加速度センサやドップラーセンサ，振動センサなどの場合には計測開始・停止時などのスイッチ操作によるノイズなどが，磁気センサの場合には機器が発する電磁波ノイズなど，音響センサの場合には環境音というノイズなどが計測データに混入する。行動認識においてこれらのノイズの影響を低減するため，以下に示すようなデータフィルタリング手法を適用してデータの信号品質を向上させる。

1. 時間領域フィルタリング
(a) 移動平均フィルタ（MAF：Moving Average Filter）
　時系列データの各点に対して，周囲のデータポイントの平均値を計算することでノイズを低減する。ウィンドウサイズや形状によってフィルタの特性が決まる。
(b) 指数移動平均（EMA：Exponential Moving Average）フィルタ
　前のデータポイントに指数関数的に重みを減らしていくことでノイズを低減する。このフィルタは，新しいデータポイントに対して古いデータポイントよりも高い重みを与える。
2. 周波数領域フィルタリング
(a) ローパスフィルタ（LPF：Low-Pass Filter）
　高周波成分を除去し，低周波成分のみを通過させることでノイズを低減する。カットオフ周波数を設定して，その周波数以下の成分のみを保持する。
(b) ハイパスフィルタ（HPF：High-Pass Filter）
　低周波成分を除去し，高周波成分のみを通過させることでノイズを低減する。カットオフ周波数を設定して，その周波数以上の成分のみを保持する。
(c) バンドパスフィルタ（BPF：Band-Pass Filter）
　特定の周波数範囲内の成分のみを通過させ，それ以外の周波数成分を除去することでノイズを低減する。通過させる周波数帯域を設定して，その範囲内の成分のみを保持する。

　データフィルタリング手法の適用には注意が必要である。適切なフィルタリング手法やパラメータが選択されない場合，データの本質的な特徴を損なうことがあり，結果としてアルゴリズムの性能に悪影響を与えることがある。したがって，データフィルタリング手法の選択とパラメータ設定には慎重さが求められる。
　具体的なデータフィルタリング手法やパラメータの選択は，対象となるアプリケーションやデータセットによって異なる。状況に応じて適切な方法を選択し，データの品質を維持しながら前処理を行うことが重要である。

4 データ前処理

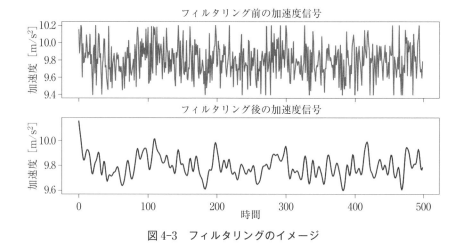

図 4-3　フィルタリングのイメージ

4.4　データセグメンテーション

　データセグメンテーションは，センサデータを連続する区間に分割する前処理手法である。この手法は行動認識タスクで，データの特徴を効果的に抽出するために不可欠である。データセグメンテーションを適切に実施することにより，機械学習アルゴリズムは各区間のデータから行動の特徴をより精緻に学習することが可能となる。

　データセグメンテーション手法には，主に以下の方法がある。

1. 固定長ウィンドウ法
　一定の長さのウィンドウを設定し，ウィンドウをスライドさせながらデータを区間に分割する。ウィンドウ長さとスライド幅は，アプリケーションやデータセットに応じて適切に設定する必要がある。この方法はシンプルで実装が容易であるが，異なる行動の境界を正確に捉えることが難しい場合がある。

2. イベントベースのデータセグメンテーション法
　データ内の特徴的なイベント（例：加速度のピークや谷）を検出し，それらを基にデータを区間に分割する。この方法は，行動の自然な境界を反映してセグメントが生成されることが期待されるが，イベント検出アルゴリズムの設定が適切であることが重要である。

3. 自動セグメンテーション法

機械学習や統計的手法を用いて，データのセグメンテーションポイントを自動的に決定する。例えば，変化点検出アルゴリズムやクラスタリングアルゴリズムを利用することができる。この方法は，データの特徴に基づいてセグメントが生成されることが期待されるが，計算コストが高い場合がある。

適切なデータセグメンテーション手法とパラメータ設定は，対象となるアプリケーションやデータセットによって異なる。実際の問題に対して最適なデータセグメンテーション手法を選択することが，行動認識アルゴリズムの性能向上につながる。ただし，データセグメンテーション手法の選択やパラメータ設

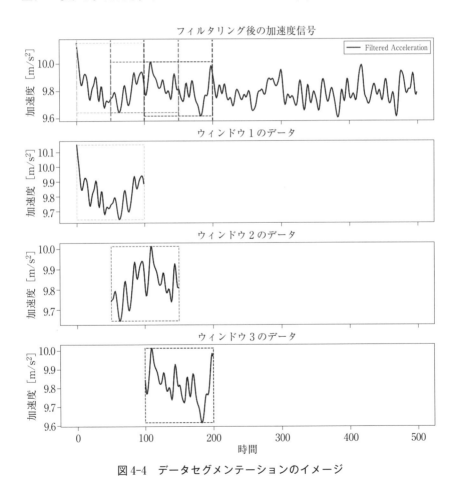

図 4-4　データセグメンテーションのイメージ

定には慎重さが求められる。過度なデータセグメンテーションは，データの本質的な特徴を損なうことがあり，結果としてアルゴリズムの性能に悪影響を与えることがある。そのため，状況に応じて適切なデータセグメンテーション手法を選択し，データの品質を維持しながら前処理を行うことが重要である。

4.5 特徴量抽出手法

特徴量抽出は，センサデータから有用な情報を抽出し，機械学習アルゴリズムが理解しやすい形式に変換するプロセスである。効果的な特徴量抽出手法を用いることで，行動認識の性能を向上させることができる。

特徴量抽出手法には，主に以下がある。

1. 時間領域の特徴量
- 平均値…セグメント内のデータポイントの平均値を計算する。
- 分散…セグメント内のデータポイントの分散を計算する。
- 標準偏差…セグメント内のデータポイントの標準偏差を計算する。
- 最大値・最小値…セグメント内のデータポイントの最大値および最小値を計算する。
- 最大値と最小値の差…セグメント内のデータポイントの最大値と最小値の差を計算する。
- ゼロ交差率…セグメント内のデータポイントが平均値を上下に交差する回数を計算する。

2. 周波数領域の特徴量
- 高速フーリエ変換（FFT：Fast Fourier Transform）…セグメント内のデータポイントを周波数領域に変換し，特定の周波数成分の振幅を抽出する。
- パワースペクトル密度（PSD：Power Spectrum Density）…セグメント内のデータポイントのパワースペクトル密度を計算し，エネルギーがどの周波数に集中しているかを評価する。
- メル周波数ケプストラム係数（MFCC：Mel-Frequency Cepstrum Coefficient）…セグメント内のデータポイントをメル周波数ケプストラムに変換し，振幅スペクトルを人間の耳の感じる振幅の違いに近い形で表現する。これは主に音声認識などの分野で用いられるが，加速度センサデータの特徴抽出にも適用できることがある。

3. 時間-周波数領域の特徴量
- 短時間フーリエ変換（STFT：Short-Term Fourier Transform）…セグメント内のデータポイントを，窓関数を適用した小区間ごとにフーリエ変換し，それにより時間の経過とともに変化する周波数成分を時間-周波数領域で表現する。この方法により，特定の周波数成分の振幅や位相を特定の時間区間で抽出することができる。STFTは，FFTとは異なり，時間情報を維持しながら周波数情報を解析できる。
- ウェーブレット変換（Wavelet Transform）…セグメント内のデータポイントを時間-周波数領域に変換し，特定の周波数成分の振幅や位相を抽出する。ウェーブレット変換は，局所的な周波数特性を詳細に捉えることができる。

図4-5にセンサデータから抽出される代表的な特徴量を示す。

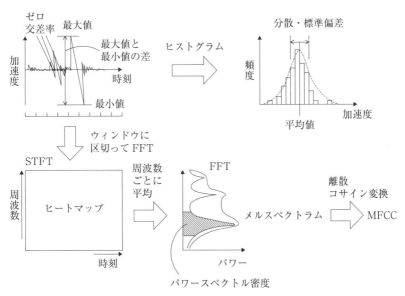

図4-5　センサデータから抽出される代表的な特徴量

適切な特徴量抽出手法とパラメータ設定は，対象となるアプリケーションやデータセットによって異なる。実際の問題に対して最適な特徴量抽出手法を選択することが行動認識アルゴリズムの性能向上につながる。ただし，特徴量抽出手法の選択やパラメータ設定には慎重さが求められる。必要以上に多くの特

徴をデータから抽出することや，不必要な情報を特徴として取り込むことなどの過度な特徴量抽出は，データの本質的な特徴を損なうことがあり，結果としてアルゴリズムの性能に悪影響を与えることがある．

状況に応じて適切な特徴量抽出手法を選択し，データの品質を維持しながら前処理を行うことが重要である．

4.6 特徴量選択・次元削減手法

特徴量選択および次元削減手法は，特徴量抽出後のデータをさらに簡潔かつ効果的に表現するために用いられる．適切な手法を選択することで，計算コストを削減し，過学習を防ぎ，分類性能を向上させることができる．過学習については，6.5節で詳細を説明する．

特徴量選択および次元削減手法には，主に以下がある．

1. 特徴量選択
- フィルタ法…特徴量と目的変数との相関や互いの特徴量間の相関に基づいて，特徴量の重要性を評価する．高い重要性をもつ特徴量を選択し，低い重要性を持つ特徴量を削除する．
- ラッパー法…機械学習アルゴリズムの性能を指標に，特徴量の部分集合を選択する．逐次特徴量選択法や遺伝的アルゴリズムなどの探索手法を用いて最適な特徴量の組み合わせを見つける．
- 埋め込み法…機械学習アルゴリズムの学習過程に特徴量選択を組み込む．例えば，LASSO回帰や決定木などのアルゴリズムは，特徴量選択の機能が既に組み込まれている．

2. 次元削減
- 主成分分析（PCA）…特徴量間の相関を利用して，元の特徴量空間を新しい低次元空間に射影する．新しい空間の軸は，データの分散を最大化する方向に選択される．PCAは線形変換であり，データの情報損失を最小限に抑えつつ次元削減を行う．
- 独立成分分析（ICA：Independent Component Analysis）…特徴量間の統計的独立性を利用して，元の特徴量空間を新しい低次元空間に射影する．ICAは，PCAと異なり，その形が鐘のような曲線（ガウス分布）とは異なる形状のデータ分布に対して有効であることが多い．

- t-分布確率的近傍埋め込み（t-SNE）…高次元データの局所的な構造とグローバルな構造を保持しながら，低次元空間に射影する。t-SNEは，特に可視化の目的で使用されることが多い。
- 自己符号化器（AE：Autoencoder）…ニューラルネットワークを用いて，データを低次元空間に射影し，その後，元の次元に戻すことで次元削減を行う。AEは，線形変換に限定されないため，非線形な次元削減を可能にする。

　特徴量選択および次元削減手法の選択は，対象となるアプリケーションやデータセットによって異なる。実際の問題に対して最適な手法を選択することが，行動認識アルゴリズムの性能向上につながる。ただし，手法の選択やパラメータ設定には慎重さが求められる。特徴量をあまりにも多く削りすぎると，データの重要な情報まで失ってしまい，それがアルゴリズムの精度を低下させる原因となることがある。

　特徴量選択においては，各特徴量がどの程度重要なのか，予測精度に対してどの程度寄与しているのかを知ることが重要となる。これらを測る尺度としては，以下のようなものがある。

- SHAP（SHapley Additive exPlanations）値…機械学習モデルの予測結果に対する各変数（特徴量）の寄与度を求めるための手法である。入力データの各変数がプラスに働いたのか，あるいはマイナスに働いたのかなどを知ることができる。
- ジニ係数（Gini Coefficient）…決定木モデルにおいて，各特徴量が分割に使用される際に，ジニ不純度がどれだけ減少するかを測定することで，特徴量の重要度を評価する。
- Permutation Importance…各特徴量について，その値をランダムにシャッフルし，モデルの予測精度がどれだけ低下するかを測定し，予測精度が大幅に低下する特徴量ほど，その特徴量は重要であるとする手法である。
- LIME（Local Interpretable Model-Agnostic Explanations）…複雑な機械学習モデルの予測結果を解釈可能な形式で説明するための手法である。各入力データ点について，その周囲の局所領域内で線形モデルを学習し，その線形モデルの係数を用いて各特徴量の寄与度を評価する。

　状況に応じて適切な特徴量選択および次元削減手法を選択し，データの品質を維持しながら前処理を行うことが重要である。

4.7 データ正規化・標準化手法

データ正規化および標準化は，特徴量のスケールや分布を統一するための前処理手法であり，機械学習アルゴリズムの性能を向上させることができる。特に，加速度センサデータに対しては，センサの種類や環境によって異なるスケールやオフセットが存在するため，正規化・標準化が重要である。

データ正規化・標準化手法には，主に以下がある。

1. データ正規化
- 最小最大正規化（Min-Max Scaling）…特徴量の値を0から1の範囲にスケーリングする。この方法は，特徴量の分布が一様ではない場合や外れ値が存在する場合には，適切な正規化が行われないことがある。

$$x_{\text{norm}} = \frac{x - x_{\min}}{x_{\max} - x_{\min}} \tag{1}$$

- ゼロ平均正規化（Zero Mean Normalization）…特徴量の値からその平均を引くことで，平均が0になるようにスケーリングする。この方法は，特徴量の分布が対称ではない場合には，適切な正規化が行われないことがある。

$$x_{\text{norm}} = x - \bar{x} \tag{2}$$

2. データ標準化
- z-スコア標準化（z-score Normalization）…特徴量の値からその平均を引き，標準偏差で割ることで，平均が0で標準偏差が1になるようにスケーリングする。この方法は，特徴量の分布が正規分布に近い場合に適している。

$$x_{\text{norm}} = \frac{x - \bar{x}}{s} \tag{3}$$

ここで，s は標準偏差である。

- ロバストスケーリング（Robust Scaling）…特徴量の値からその中央値を引き，四分位範囲で割ることでスケーリングする。この方法は，外れ値に対してロバストであり，特徴量の分布が一様ではない場合や外れ値が存在する場合に適している。

$$x_{\text{norm}} = \frac{x - \text{median}(x)}{\text{IQR}(x)} \tag{4}$$

ここで，$\text{IQR}(x)$ は四分位範囲（第3四分位数から第1四分位数を引いた値）である。

データの正規化・標準化は，使用するアプリケーションやデータセットの特性に合わせて，最適な方法を慎重に選定する必要がある．例えば，外れ値が多いデータセットに対して単純な平均-分散の標準化を行った場合，データの中心がずれる恐れが存在する．適切な手法の採用は，行動認識アルゴリズムの性能を向上させる要因となるが，不適切な正規化・標準化を行うと，データの本質的な情報を失う危険が生じ，結果としてアルゴリズムの効果が低下する可能性がある．このため，各状況を精査し，データの品質を維持しつつ，最も適切な正規化・標準化の方法を選定することが重要である．

4.8　ライブラリ

　加速度センサを用いた行動認識技術におけるデータ前処理を Python で実装する際に便利なライブラリは以下の通りである．

- NumPy … 数値計算を効率的に行うためのライブラリで，データの基本的な操作や線形代数の計算が可能である．
  URL：https://numpy.org/
- pandas … データ操作や解析を容易に行うためのライブラリで，特に加速度データの読み込み，整形，フィルタリングに便利である．
  URL：https://pandas.pydata.org/
- SciPy … 科学技術計算のためのライブラリで，信号処理や統計処理，最適化などの機能が含まれている．データフィルタリングやセグメンテーションに役立つ．
  URL：https://www.scipy.org/
- scikit-learn … 機械学習のためのライブラリで，前処理手法（正規化，標準化，特徴量選択，次元削減）や分類器の実装が含まれている．
  URL：https://scikit-learn.org/
- TensorFlow … 深層学習ライブラリで，自己符号化器などのニューラルネットワークベースの前処理手法や，深層学習を用いた行動認識モデルの実装が可能である．
  URL：https://www.tensorflow.org/
- Keras … TensorFlow の上位ライブラリで，ニューラルネットワークの構築・訓練・評価を簡単に行うことができる．

URL：https://keras.io/
- PyTorch…深層学習フレームワークで，動的計算グラフを特徴としており，研究目的に特に適している。ニューラルネットワークの設計や訓練が直感的に行える。
URL：https://pytorch.org/

　これらのライブラリを組み合わせることで，加速度センサデータに対する前処理や行動認識モデルの実装が効率的に行える。必要に応じて，これらのライブラリをインストールし，ドキュメントやチュートリアルを参考にしながら実装を進めていただきたい。これらのライブラリを用いたサンプルの実装例は，第7章で紹介する。

5 機械学習

　機械学習は，コンピュータに人間のような学習能力を与えるための技術である．機械学習では与えられたデータからパターンや規則性を見つけ出し，新しいデータに対する予測を行う．

　機械学習アルゴリズムの選択は，行動認識のパフォーマンスにとって非常に重要な要素である．本章では機械学習の概要を説明した後，代表的な機械学習アルゴリズムを紹介し，行動認識における機械学習アルゴリズムの選択方法について説明する．

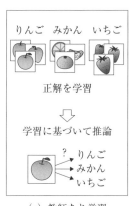

(a) 教師あり学習　　　　(b) 教師なし学習　　　　(c) 強化学習

図 5-1　機械学習の種類

5.1　機械学習の分類

　機械学習は，大きく分けて，教師あり学習，教師なし学習，強化学習の3種類に分けられる（図5-1）．

　教師あり学習は，既知の入力と出力（正解値）のペアから学習を行い，新しい入力に対する出力を予測する手法である．訓練データと呼ばれる既知の入力

データと出力データのペアを用意し，機械学習アルゴリズムにこのデータを学習させる。学習されたモデルは，新しい入力データが与えられたときに，適切な出力データを予測することができる。教師あり学習は分類問題や回帰問題に適用することができる。分類問題では，出力データがカテゴリーに属する場合に用いられ，回帰問題では，出力データが数値である場合に用いられる。

　教師なし学習は，入力データのみを与えて学習を行い，そのデータの構造や特徴を発見する手法である。入力データをクラスタリングや次元削減などの手法によって似たような性質をもつグループに分類する。また，主成分分析やt-SNEなどの手法によって入力データの特徴を抽出する手法もある。教師なし学習は，教師あり学習とは異なり，出力データが与えられないため，データの分布や構造を把握することを主な目的として用いられる。クラスタリングや次元削減などの教師なし学習手法を用いてデータの構造や特徴を理解し，可視化することができる。

　強化学習は，エージェントと環境の相互作用を通じて，エージェントが報酬を最大化するような行動を学習する機械学習である。エージェントは現在の状態を観測し，環境からの報酬を最大化するために次の行動を選択する。環境はエージェントの行動に応答し，新しい状態と報酬を返す。これらの状態や報酬は，エージェントが学習するための情報として使われる。

　例えば，以下の三つのタスクはそれぞれ教師あり学習，教師なし学習，強化学習によって実現される。

1. 教師あり学習の例：手書き数字の認識
　入力データは手書き数字の画像であり，出力データはその画像に対応する数字であるとする。訓練データとして，多数の手書き数字画像とその数字のペアを用意する。教師あり学習アルゴリズムにこのデータを与えて学習させることで，新しい手書き数字画像が与えられたときに，適切な数字を予測することができる。
2. 教師なし学習の例：商品購買履歴のデータの分析
　入力データは顧客の購買履歴であり，出力データは与えられない。このデータを教師なし学習アルゴリズムに与えれば，例えば，購入した商品の嗜好が類似するグループを抽出することができる。教師なし学習を用いることで，データの性質や特徴を理解し，適切なアプローチを見出すことができる。

3. 強化学習の例：自動運転
　入力データは自動車の速度や加速度などの自車状態や周辺状況を示すセンサデータであり，出力データは自動車の制御である。強化学習モデルを用いて入力データに対して自動車を制御し，その制御の結果の状態から報酬を計算する。報酬を最大化するように学習を進めることで，自動車の制御，すなわち最適な運転行動を行うことができる。

　行動認識では教師あり学習が多用されることから，以降では教師あり学習に焦点を当てる。

5.2　分類問題と回帰問題

　教師あり学習で扱う代表的な問題として分類問題と回帰問題がある（図5-2）。
　分類問題は，入力データをあらかじめ定められたカテゴリーに分類する問題である。入力データには，画像，テキスト，音声，数値など様々な形式がある。分類問題の例として，手書き数字の認識やスパムメールの分類などがある。分類モデルは，訓練データから入力データと対応するカテゴリーを学習し，未知の入力データが与えられた場合に，その入力データを適切なカテゴリーに分類する。
　一方，回帰問題は，入力データと出力データの関係を予測する問題である。入力データには，数値や画像など，様々な形式がある。回帰問題の例として，住宅価格の予測や株価の予測などがある。回帰モデルは，訓練データから入力データと対応する出力データの関係を学習し，未知の入力データが与えられた場合に，その入力データに対応する出力データを予測する。
　分類問題と回帰問題の境界は曖昧である。回帰問題として入力データから予測した数値を得た後に，その予測値がある値より大きいか小さいかで二つのクラスに分けるとき，それは分類問題であると言える。例えば，りんごとみかんの画像を分類する問題において，回帰モデルを用いて「りんごである確信度」「みかんである確信度」をそれぞれ推定し，確信度の高い方を分類結果とする方法が考えられる。このように，回帰問題をうまく設定することで回帰モデルを用いて分類問題を扱うことができる。

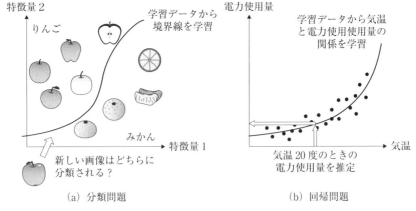

(a) 分類問題　　　　　(b) 回帰問題

図 5-2　分類問題と回帰問題

5.3　代表的な教師あり学習アルゴリズム

代表的な教師あり学習アルゴリズムとして，以下のようなものがある。

5.3.1　線形回帰

線形回帰（Linear Regression）は，教師あり学習の一種であり，数値を予測するための回帰分析の手法の一つである。線形回帰は，入力変数と出力変数の間の線形関係をモデル化することを試みる。

線形回帰では，入力変数を x, 出力変数を y として，以下のような線形方程式を用いる。

$$y = b_0 + b_1 x_1 + b_2 x_2 + \cdots + b_n x_n \tag{5}$$

ここで，b_0 は y 軸との交点を表し，$b_1, b_2, ..., b_n$ はそれぞれ入力変数 $x_1, x_2, ..., x_n$ に対応する係数である。線形回帰では，与えられた訓練データから最適な係数を学習し，新しい入力データに対して予測値を計算する。

線形回帰には，単回帰分析（Simple Linear Regression）と重回帰分析（Multiple Linear Regression）の2種類がある。単回帰分析では，一つの入力変数に対して出力変数を予測するモデルを作成し，重回帰分析では，複数の入力変数に対して出力変数を予測するモデルを作成する。

線形回帰は，入力変数と出力変数の間に線形の関係がある場合に有効であり，予測精度が高く，計算が容易であることから，広く使われている手法の一つである。

5.3.2 ロジスティック回帰

ロジスティック回帰は線形回帰の一般化とも言え，分類問題に適用される教師あり学習アルゴリズムの一つである。

ロジスティック回帰は，与えられた入力データから，二つのクラスのうち，どちらに属するかを予測するために用いられる。例えば，メールがスパムかどうかを判定するような二値分類問題に適用できる。

ロジスティック回帰は，線形回帰と同じく，入力データの特徴量とその重みの線形結合を用いて予測を行うが，最終的な予測値を0から1の範囲に収めるために，シグモイド関数と呼ばれる活性化関数を使用する。シグモイド関数は0から1の範囲の値をとるS字形の非線形の関数である。

ロジスティック回帰は，勾配降下法を用いてパラメータ（重み）を最適化することが一般的である。訓練データセットから最適な重みを学習することで，新しい入力データがどちらのクラスに属するかを正確に予測できるようになる。

線形回帰とロジスティック回帰のイメージを図5-3に示す。

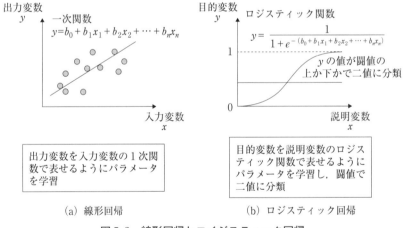

(a) 線形回帰　　　　　　　(b) ロジスティック回帰

図5-3　線形回帰とロジスティック回帰

5.3.3 決定木

決定木は，分類問題や回帰問題のために使用される教師あり学習アルゴリズムの一種である。分類問題に用いる決定木を分類木，回帰問題に用いる決定木を回帰木と呼ぶ。データの特徴量を基準に複数の分岐で構成される木構造を作成し，最終的に各葉（末端）にクラスや数値を割り当てることで，予測を行う。

例えば，ある顧客が商品を購入するかどうかを予測するために，決定木アル

ゴリズムを使用する場合，最も重要な特徴量を決定し，それを基準にデータを分割する。「年齢が30歳以下かどうか」という特徴量が重要だと判断された場合，この特徴量を基準に二つの分岐を作成し，それぞれの分岐でさらに重要な特徴量を決定し，木構造をつくり上げる。最終的に，各葉には購入するかどうかというクラスを割り当てる。

決定木はわかりやすい解釈が可能であり，特徴量のスケールに依存しないため，データの前処理が比較的簡単であるという特徴がある。また，過学習を防ぐための手法もいくつか存在する。ただし，過度に複雑なモデルになる場合があるため，適切な深さや分岐数を設定する必要がある。

決定木のイメージを図5-4に示す。

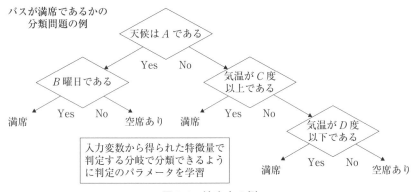

図5-4　決定木の例

5.3.4　ランダムフォレスト

ランダムフォレストは，複数の決定木を組み合わせて高い汎化性能をもつ予測モデルを構築する教師あり学習アルゴリズムである。

ランダムフォレストは，ブートストラップ法によって複数のデータセットを生成し，それぞれのデータセットを用いて決定木を構築する。ブートストラップ法とは，元のデータセットからデータサンプルを，重複を許してランダムに抽出し，新たなデータセットを生成する手法である。さらに，各決定木の分岐においてランダムに特徴量を選択することで，決定木間の相関を減らし，より多様性のあるモデルを構築する。予測時には，構築した複数の決定木の予測結果を，多数決を採るなどして集約し，最終的な予測結果を出力する。

ランダムフォレストは，過学習を抑制し，外れ値の影響を受けにくく，高い

予測性能をもつことが知られている。また，特徴量の重要度を評価することができるため，特徴量の選択や解釈にも役立つ。そのため，様々な分野で幅広く利用されている。ランダムフォレストのように複数の学習器の出力を集約させる機械学習手法をアンサンブル学習と呼ぶ。

ランダムフォレストのイメージを図5-5に示す。

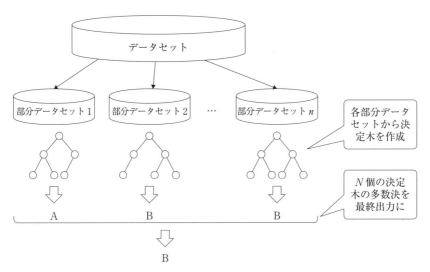

図5-5 ランダムフォレストのイメージ

5.3.5 k-最近傍法

k-最近傍法は，教師あり学習の分類・回帰問題に使われるアルゴリズムの一つである。新しい入力データに対して，最も近いk個の既知のデータ（訓練データ）を探し出し，それらk個のデータのうち最も多くのクラス（分類問題）または平均値（回帰問題）を出力する。

具体的には，以下の手順で分類・回帰を行う。

1. 学習データを用いて，新しい入力データに対して距離の計算を行う。通常は，ユークリッド距離が用いられる。
2. k個の最近傍のデータを探し出す。
3. 分類問題の場合，k個の最近傍のデータのうち最も多いクラスを新しい入力データのクラスとして出力する。回帰問題の場合，k個の最近傍のデータの平均値を新しい入力データの予測値として出力する。

k-最近傍法の利点は，モデルの構築が容易であること，決定境界が非線形である場合にも適用可能であること，また，アルゴリズム自体が単純であることである．しかし，k の値の選び方が精度に影響を与えるため，適切な k の値を選ぶことが重要であり，また，大量の訓練データに対しては計算時間がかかることが欠点として挙げられる．

k-最近傍法のイメージを図 5-6 に示す．

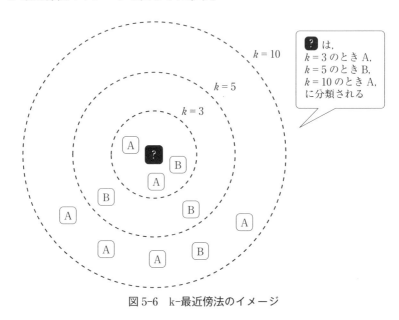

図 5-6　k-最近傍法のイメージ

5.3.6　ナイーブベイズ

ナイーブベイズは，教師あり学習の分類問題に使われるアルゴリズムの一つである．ベイズの定理に基づき，各特徴が独立であるとの仮定のもとで，入力データの各特徴が各クラスに属する確率を計算し，それらの確率を組み合わせて，最も確率が高いクラスを選択することで分類する．

ナイーブベイズは，ベクトル空間モデルなどの自然言語処理のタスクや，ニュースのカテゴリ分類，スパムメールの分類など，広い範囲の分類問題に用いられる．

ナイーブベイズの利点は，比較的少量のデータでも高い精度が得られることである．また，特徴が独立であると仮定しているため，計算が容易であり，高速に学習が行えることが挙げられる．ただし，特徴が独立ではない場合や，特

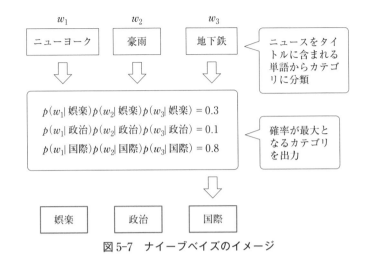

図 5-7 ナイーブベイズのイメージ

徴同士の相関がある場合には，予測精度が低下することがある。

ナイーブベイズのイメージを図 5-7 に示す。

5.3.7 サポートベクターマシン

サポートベクターマシンは，教師あり学習のアルゴリズムの一つで，主に分類問題に用いられる。

サポートベクターマシンは，二つのクラスを分ける線形な境界線（超平面）を見つけることによって分類を行う。データが線形に分けられない場合は，カーネルトリックと呼ばれる手法を使って，高次元の空間に写像することで分類を行う。

サポートベクターマシンは，決定境界と最も近いデータポイント（サポートベクター）との距離（マージン）を最大化するように学習を行うため，汎化性能が高いとされている。また，カーネルトリックを用いることで，非線形な分類問題にも適用することができる。ただし，サポートベクターマシンは大量のデータに対して学習する際に計算量が大きくなりがちなため，大規模なデータセットに対しては学習に時間がかかる場合がある。

サポートベクターマシンのイメージを図 5-8 に示す。

5.3.8 ニューラルネットワーク

ニューラルネットワークは，人間の脳の構造に着想を得た機械学習アルゴリズムで，複数の層（隠れ層）からなるネットワークを構築し，それを用いて入力から出力を予測するモデルを作成する手法である。

5 機械学習

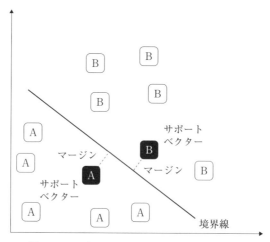

図5-8　サポートベクターマシンのイメージ

　ニューラルネットワークの各層には複数のニューロン（ノード）があり，各ニューロンは一定の重みとバイアスをもつ。入力データが与えられたとき，それぞれのニューロンは重み付けされた入力とバイアスに基づいて活性化され，その結果が次の層のニューロンに伝わる。最終の層では，各クラスの確率を表す出力が生成される。

　ニューラルネットワークはバックプロパゲーションと呼ばれる学習アルゴリズムを用いて学習する。バックプロパゲーションではモデルが出力する予測と正解の差異（誤差）を計算し，それを最小化するように重みとバイアスを調整していく。

　ニューラルネットワークは，画像認識，自然言語処理，音声認識などの分野で広く使われている。

　ニューラルネットワークのイメージを図5-9に示す。

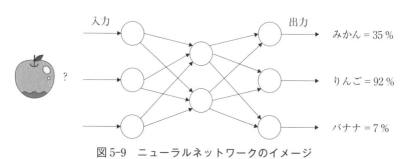

図5-9　ニューラルネットワークのイメージ

5.3.9 XGBoost

XGBoostは，Gradient Boosting決定木をベースにした高速かつ高効率な機械学習アルゴリズムである．Gradient Boosting決定木は，決定木を使ったアンサンブル学習アルゴリズムであり，前の決定木の誤差を次の決定木で補正することで，より高い精度を得る手法である．

XGBoostは，従来のGradient Boosting決定木に比べて，以下のような特徴がある．

- 並列処理… XGBoostは並列処理が可能であり，大規模データセットの学習が高速である．
- 正則化… XGBoostは正則化項を追加することができ，過学習を防ぎながらモデルの精度を向上させることができる．
- 欠損値の取り扱い… XGBoostは欠損値を扱うことができ，欠損値を自動的に処理してモデルの学習を行うことができる．
- カテゴリ特徴量の取り扱い… XGBoostはカテゴリ特徴量を直接扱うことができ，特徴量の前処理が不要である．
- リアルタイム予測… XGBoostは高速に予測を行うことができ，リアルタイム性の高いアプリケーションに適している．

XGBoostのイメージを図5-10に示す．

5.3.10 LightGBM

LightGBMはMicrosoftが開発した高速な勾配ブースティングフレームワークの一つであり，分類・回帰問題に適用することができる．機械学習タスクにおいて高い性能を発揮することが知られている．

LightGBMは，データセットを複数の小さなデータセットに分割して学習する手法であり，高速な学習を実現できる．また，勾配ブースティングによるアルゴリズムを採用しており，複数の学習モデルを組み合わせることで正確な予測を行うアンサンブル学習手法である．LightGBMでは，学習において決定木を成長させる際に，Level-wise growth，Leaf-wise growthの2通りの成長方法を使い分けることで高い精度かつ高速な学習を実現する．

LightGBMは学習が比較的軽量でありながら精度の高いモデルの構築が可能であり，広く利用されている．

LightGBMのイメージを図5-11に示す．

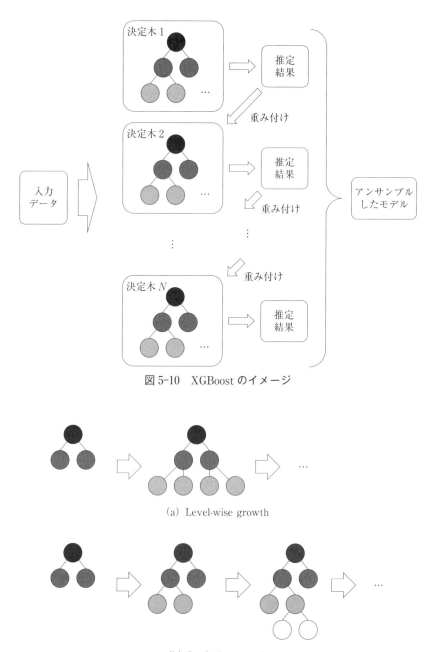

図 5-10 XGBoost のイメージ

(a) Level-wise growth

(b) Leaf-wise growth

図 5-11 LightGBM のイメージ

5.4 教師あり学習手法の選択方法

行動認識などの問題に教師あり学習手法を適用する場合，適切な手法を選択する必要がある．どんな問題に対してどの教師あり学習アルゴリズムが有効であるか，ということを一般化することは難しい．このため，以下のような観点で選択したいくつかの手法の性能を実際のデータを用いて比較することが一般的である．

- 問題の種類…問題が回帰問題であるか分類問題であるかに応じて，適切な手法が異なる．例えば，回帰問題の場合は線形回帰やランダムフォレストがよく用いられる．分類問題の場合はロジスティック回帰やサポートベクターマシン，決定木などが一般的である．
- データセットのサイズ…データセットのサイズが大きい場合は，XGBoost や LightGBM などの勾配ブースティングツリーやニューラルネットワークなどが適切であることが多い．データセットが小さい場合は，k-最近傍法やナイーブベイズなどの単純な手法で十分であることが多い．
- 特徴量の種類と数…特徴量が数値的なものだけで構成されている場合，線形回帰などの線形モデルが適していることがある．特徴量の数が多い場合は，ランダムフォレストや勾配ブースティングツリーが有効であることが多い．カテゴリ変数を含む場合は，ナイーブベイズや決定木などの手法が適していることがある．
- 解釈性の必要性…機械学習したモデルが，入力に対してどのような判断をして出力を得ているのか，どんな入力を重要視しているかなどのモデルの解釈性が必要な場合，ロジスティック回帰や決定木などの手法が適していることがある．一方で，勾配ブースティングツリーやニューラルネットワークは，高い予測性能を発揮する一方で解釈性が低く，ブラックボックスモデルと呼ばれることがある．
- 計算リソース…計算リソース，すなわち時間やメモリなどの制約がある場合，ランダムフォレストや k-最近傍法などの手法が適している．また，データセットが大きく，計算リソースが限られている場合は，XGBoost や LightGBM などの高速な勾配ブースティングツリーが適している．

5.5 ライブラリの紹介

Python を用いて教師あり学習アルゴリズムを実装する場合に広く利用されているライブラリとしては，scikit-learn[27]，TensorFlow[28]，PyTorch[29] がある。多くのライブラリが scikit-learn を用いる場合と同様の使い方ができるように設計されている。ここではランダムフォレスト，サポートベクターマシン，LightGBM を分類問題，回帰問題のそれぞれに適用したコード例を紹介する。分類問題として scikit-learn が提供する Iris データセットを用いてアヤメの分類を行うコード例を，回帰問題として scikit-learn が提供する Boston データセットを用いて住宅価格を予測するコード例をそれぞれ紹介する。

5.5.1 ランダムフォレスト

以下は scikit-learn を用いてランダムフォレストによる分類を行う Python コードの例である。Iris データセットを load_iris() 関数で読み込んで特徴量とラベルを取得し，train_test_split() 関数でデータを 8：2 の比率で学習用とテスト用に分割している。train_test_split() 関数の random_state 引数は乱数のシードを指定している。そして，RandomForestClassifier クラスのコンストラクタの引数として，n_estimators（6.4 節にて説明）で決定木の数を指定し，ランダムフォレストのモデルを定義している。fit() メソッドで学習を行い，最後に，predict() メソッドを使ってテストデータの予測を行って，accuracy_score() 関数で正解率を計算している。

```
1  from sklearn.datasets import load_iris
2  from sklearn.ensemble import RandomForestClassifier
3  from sklearn.model_selection import train_test_split
4  from sklearn.metrics import accuracy_score
5
6  # Iris データセットをロードする
7  iris = load_iris()
8
9  # 特徴量とラベルを取得する
10 X = iris.data
```

---

[27] https://scikit-learn.org/
[28] https://www.tensorflow.org/ （4.8 参照）
[29] https://pytorch.org/

```
11  y = iris.target
12
13  # データを訓練用とテスト用に分割する
14  X_train, X_test, y_train, y_test = train_test_split(X, y,
      test_size=0.2, random_state=42)
15
16  # ランダムフォレストモデルを構築する
17  rfc = RandomForestClassifier(n_estimators=100, random_state=42)
18
19  # モデルを訓練する
20  rfc.fit(X_train, y_train)
21
22  # テストデータでモデルを評価する
23  y_pred = rfc.predict(X_test)
24  accuracy = accuracy_score(y_test, y_pred)
25  print("Accuracy:", accuracy)
```

同様に，以下はランダムフォレストによる回帰を行う Python コードの例である。回帰では RandomForestClassifier クラスではなく RandomForestRegressor クラスを用いる。load_boston() 関数で Boston データセットを取得して説明変数と目的変数を取り出し，train_test_split() 関数でデータを学習用とテスト用に分割している。RandomForestRegressor クラスのコンストラクタの引数として，n_estimators で決定木の数を指定し，random_state で乱数のシードを指定している。train_test_split() 関数を使用してデータを訓練用とテスト用に分割し，mean_squared_error() 関数を使用して予測結果と実際の結果との平均二乗誤差を評価している。

```
1  from sklearn.datasets import load_boston
2  from sklearn.ensemble import RandomForestRegressor
3  from sklearn.model_selection import train_test_split
4  from sklearn.metrics import mean_squared_error
5
```

```
 6  # データのロード
 7  boston = load_boston()
 8
 9  # 説明変数と目的変数の設定
10  X = boston.data
11  y = boston.target
12
13  # 訓練データとテストデータに分割
14  X_train, X_test, y_train, y_test = train_test_split(X, y,
        test_size=0.2, random_state=0)
15
16  # モデルの学習
17  rf = RandomForestRegressor(n_estimators=100, random_state=0)
18  rf.fit(X_train, y_train)
19
20  # テストデータを用いた予測と評価
21  y_pred = rf.predict(X_test)
22  mse = mean_squared_error(y_test, y_pred)
23  print("MSE:", mse)
```

5.5.2 サポートベクターマシン

以下は scikit-learn を用いてサポートベクターマシン（SVM）による分類を行う Python のコードの例である。Iris データセットを load_iris() 関数で読み込んで特徴量とラベルを取得し，train_test_split() 関数でデータを学習用とテスト用に分割している。サポートベクターマシンのモデルを SVC クラスで定義し，fit() メソッドで学習を行う。最後に，predict() メソッドを使ってテストデータの予測を行い，accuracy_score() 関数で正解率を計算している。

```
1  from sklearn.datasets import load_iris()
2  from sklearn.model_selection import train_test_split
3  from sklearn.svm import SVC
4  from sklearn.metrics import accuracy_score
5
```

```python
# Iris データセットをロード
iris = load_iris()

# 特徴量とターゲットにデータを分割
X = iris.data
y = iris.target

# データセットを 8:2 の比率で学習用とテスト用に分割
X_train, X_test, y_train, y_test = train_test_split(X, y,
    test_size=0.2)

# SVM のインスタンスを作成し，モデルをトレーニング
clf = SVC()
clf.fit(X_train, y_train)

# テストセットを使って予測
y_pred = clf.predict(X_test)

# 正解率を計算
accuracy = accuracy_score(y_test, y_pred)

print("Accuracy:", accuracy)
```

同様に，以下はサポートベクターマシンによる回帰を行う Python のコードの例である。回帰では SVC ではなく SVR クラスを用いる。load_boston() 関数で Boston データセットを取得して説明変数と目的変数を取り出している。データの前処理として StandardScaler クラスを用いて特徴量を正規化し，train_test_split() 関数でデータを学習用とテスト用に分割している。SVR クラスのコンストラクタで kernel，C，gamma などのパラメータを設定し，fit() メソッドを使用してモデルを学習する。predict() メソッドを使用して予測を行い，mean_squared_error() 関数を使用して予測結果と実際の結果との平均二乗誤差を評価している。

```
1   from sklearn.datasets import load_boston
2   from sklearn.model_selection import train_test_split
3   from sklearn.preprocessing import StandardScaler
4   from sklearn.svm import SVR
5   from sklearn.metrics import mean_squared_error
6
7   # Boston データセットをロード
8   boston = load_boston()
9   X = boston.data
10  y = boston.target
11
12  # データの前処理
13  scaler = StandardScaler()
14  X_scaled = scaler.fit_transform(X)
15
16  # データを訓練用とテスト用に分割
17  X_train, X_test, y_train, y_test = train_test_split(X_scaled, y,
        test_size=0.2, random_state=42)
18
19  # SVM のインスタンスを作成し，訓練データを用いてモデルを学習
20  svm = SVR(kernel='rbf', C=1.0, epsilon=0.1)
21  svm.fit(X_train, y_train)
22
23  # テストデータを用いて予測を行い，精度を評価
24  y_pred = svm.predict(X_test)
25  mse = mean_squared_error(y_test, y_pred)
26  print("MSE:", mse)
```

5.5.3 LightGBM

LightGBM は scikit-learn では提供されていないが，lightgbm パッケージをインストールすることで LightGBM を用いた分類・回帰を行うことができる。LightGBM は pip コマンドで導入できる。

```
1  % pip install lightgbm
```

　以下は LightGBM による分類を行う Python のコードの例である．Iris データセットを load_iris() 関数で読み込んで特徴量とラベルを取得し，train_test_split() 関数でデータを学習用とテスト用に分割している．次に，LightGBM に渡すためにデータを lgb.Dataset で変換する．LightGBM のパラメータを params として渡しながら train() メソッドで分類モデルを作成する．params の objective を multiclass とすることで分類問題を解くことができる．params では，他に，分類するクラスの数（num_class），学習率（learning_rate），決定木の葉の最大数（num_leaves），決定木の葉に割り当てられるデータの最小数（min_data_in_leaf），作成する決定木の数（num_iteration）という，学習に必要なパラメータを設定している．予測は predict() メソッドで行う．予測結果は各クラスの確率を示しているため，最も確率の高いクラスを予測結果として正解率を計算している．

```
1   from sklearn.datasets import load_iris
2   import lightgbm as lgb
3   from sklearn.model_selection import train_test_split
4   from sklearn.metrics import accuracy_score
5
6   # データの読み込み
7   iris = load_iris()
8   X, y = iris.data, iris.target
9
10  # 学習用と評価用にデータを分割
11  X_train, X_test, y_train, y_test = train_test_split(X, y,
        test_size=0.2, random_state=42)
12
13  # データセットを LightGBM 用に変換
14  train_data = lgb.Dataset(X_train, label=y_train)
15
16  # ハイパーパラメータの設定
17  params = {
```

```
18          'objective': 'multiclass',
19          'num_class': 3,
20          'learning_rate': 0.1,
21          'num_leaves': 31,
22          'min_data_in_leaf': 1,
23          'num_iteration': 100
24  }
25
26  # モデルの学習
27  model = lgb.train(params, train_data)
28
29  # テストデータの予測
30  y_pred = model.predict(X_test)
31  y_pred = [list(x).index(max(x)) for x in y_pred]
32
33  # 精度の評価
34  accuracy = accuracy_score(y_test, y_pred)
35  print("Accuracy:", accuracy)
```

同様に，以下はLightGBMによる回帰を行うPythonコードの例である．ランダムフォレストやサポートベクターマシンとは異なり，LightGBMでは同じクラスを用いる．load_boston()関数でBostonデータセットを取得して説明変数と目的変数を取り出し，train_test_split()関数でデータを学習用とテスト用に分割している．次に，LightGBMに渡すためにデータlgb.Datasetで変換する．LightGBMのパラメータをparamsとして渡しながらtrain()メソッドで回帰モデルを作成する．paramsのobjectiveをregressionとすることで回帰問題を解くことができる．最後にpredict()メソッドで予測を行い，平均二乗誤差を計算している．

```
1  import lightgbm as lgb
2  from sklearn.datasets import load_boston
3  from sklearn.model_selection import train_test_split
4  from sklearn.metrics import mean_squared_error
```

```python
# Boston データセットの読み込み
boston = load_boston()

# 訓練データとテストデータに分割
X_train, X_test, y_train, y_test = train_test_split(boston.data,
    boston.target, test_size=0.2, random_state=42)

# LightGBM のデータセットに変換
train_data = lgb.Dataset(X_train, label = y_train)
test_data = lgb.Dataset(X_test, label = y_test)

# ハイパーパラメータの設定
params = {
    'objective': 'regression',
    'metric': 'rmse'
}

# モデルの学習
model = lgb.train(params, train_data, valid_sets=[train_data,
    test_data], num_boost_round=1000, early_stopping_rounds=50)

# テストデータでの予測
y_pred = model.predict(X_test)

# 平均二乗誤差の算出
mse = mean_squared_error(y_test, y_pred)
print("MSE:", mse)
```

6 評　価

機械学習では，最終的に構築されたモデルの性能を評価する必要がある．ここでは，評価の際の注意点と，そのときに利用される代表的な評価指標について説明する．

6.1 検証法

教師あり機械学習モデルを構築する際には，もっているデータを使ってモデルを訓練しなければならないが，データセットのすべてのデータを訓練に使えるわけではない．例えば，図6-1に示すように，データセットを「訓練に用いるデータ」と「検証に用いるデータ」に分割する．ここではデータ分割方法および検証方法について紹介する．

モデルの訓練に使うデータのことを訓練データと呼び，最終的に選んだモデルの性能を測るためのデータのことをテストデータと呼ぶ．機械学習モデルの目的は，未知のデータに対して正確な予測を行うことであるため，生成されたモデルが訓練データだけでなく，未知のデータに対しても正確な予測ができるかどうかを評価するために，別途テストデータを用意する必要がある．

訓練データを評価に使ってしまった場合，モデルが訓練データに過剰適合（オーバーフィッティング）してしまい，未知のデータに対する予測精度が低くなる可能性が高くなる．

また，深層学習においては，訓練データ，テストデータとは別に検証データが使われることが多い．検証データは，学習中のモデルの性能を評価するために用いられる．具体的には，学習率やエポック数などのハイパーパラメータの調整，複数の異なるアルゴリズムのモデルを試す場合の性能比較，過学習を防ぐための学習プロセスの早期終了などに用いられる．

このとき，検証データとテストデータが同一の分布に従っていることが重要である．仮に検証データとテストデータが異なる分布に従うものであった場合，

検証データを用いて選んだモデルが，テストデータに対してうまく予想できるモデルとは異なるモデルになってしまう可能性がある。

以降では，代表的なデータ分割方法・検証方法について紹介する。

図 6-1　訓練データとテストデータの分け方

6.1.1　ホールドアウト検証

ホールドアウト検証（Hold-out Validation）では，データセットの訓練データとテストデータへの分割を一度だけ行って性能を検証する手法である。

ホールドアウト検証のイメージを図 6-2（a）に示す。

データセット全体を，あらかじめ決められた割合，例えば 8：2 などの比率で訓練データとテストデータに分割する。訓練データで機械学習モデルを訓練したうえで，テストデータを用いてモデルの性能を評価する。

ホールドアウト検証では分割を一度だけ行うため，少ないデータ量で訓練と検証を行うことができる。また，データセットが非常に大きく，訓練にかかる時間が非常に長い場合にもホールドアウト検証が用いられることが多い。一方で，分割の仕方によって評価結果が変動する可能性がある。

6.1.2　基本的な交差検証

交差検証（Cross Validation）では，データセットを複数の部分に分割し，そのうちの一つをテストデータとして，残りを訓練データとして使用し，このプロセスを繰り返し行い，複数回の評価結果の平均値を求めることで，モデルの性能を評価する。

交差検証には，いくつかの種類があり，基本的なものとしては，k-分割交差検証（k-Fold Cross Validation）がある。k-分割交差検証では，データセットを k 個に分割し，そのうちの一つをテストデータとして，残りの $k-1$ 個を訓練データとして使用する。このプロセスを k 回繰り返し行い，k 回の評価結果

(a) ホールドアウト検証

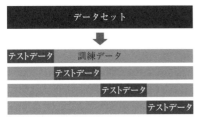
(b) k-分割交差検証

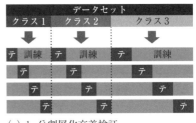
(c) k-分割層化交差検証

(d) Leave-One-Person-Out 交差検証

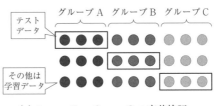
(e) Leave-One-Group-Out 交差検証

図 6-2　検証方法（ホールドアウト検証・交差検証）のデータの分け方

の平均値を求めることで，モデルの性能を評価する。

k-分割交差検証のイメージを図 6-2（b）に示す。

データセットが小さい場合，k-分割交差検証では，テストデータが少なくなり，モデルの性能を正確に評価することが困難になる可能性がある。

6.1.3　高度な交差検証

現実のデータセットでは，クラスごとのデータ量が同一ではない場合があり，訓練に用いられる情報に偏りが生じてしまうことがある。これは，行動認識モデルの精度低下を招く可能性がある。このような場合には層化交差検証によって性能を検証する。層化交差検証は，データセット内のクラスごとのデータ比率を維持したまま訓練データとテストデータにデータを分割して交差検証を行う手法である。k-分割層化交差検証（Stratified k-Fold Cross Validation）では，データセットを各クラスのデータに区切ったうえで，各クラスのデータをそれぞれ k 個に分割して，訓練データとテストデータを構成する。各クラスの k 個のテストデータのうち，一つをテストデータ，残りの $k-1$ 個を訓練データと

し，全クラスのテストデータ，訓練データを統合したテストデータ，訓練データを使用して交差検証を行い，性能を検証する。

k-分割層化交差検証のイメージを図6-2（c）に示す。

データセットの各サンプルを一つずつテストデータとして使用し，残りのサンプルを訓練データとして使用する，Leave-One-Out交差検証という手法もある。これは，データセットが小さい場合に有効な手法であり，データセットが大きい場合は計算コストが高くなるため実用的ではない。

また，行動認識モデルを実運用する場合を考えると，利用ユーザ本人のデータがモデルに組み込まれていないことが多い。この場合，モデルの構築時は高い性能が確認されていたとしても，実サービスに使用した際に性能が低下（未知のユーザに対する頑健性の問題が発生）してしまう可能性がある。そこで，被験者本人のデータを除き，他の被験者のデータを訓練データとして使用するLeave-One-Person-Out交差検証や，被験者をグループ化したうえで，グループ単位で扱うLeave-One-Group-Out交差検証，または，計測単位ごとに検証するLeave-One-Session-Out交差検証などを用いることで，この懸念に配慮した検証が可能となる。

Leave-One-Person-Out交差検証およびLeave-One-Group-Out交差検証のイメージを図6-2（d），（e）にそれぞれ示す。

6.2 回帰問題の評価指標

回帰問題を対象とする機械学習モデルの評価指標として，平均絶対誤差，平均二乗誤差，平均二乗対数誤差，R^2（決定係数）が用いられる。以下に定義を記す。

- 平均絶対誤差（MAE：Mean Absolute Error）…予測と実際の値との絶対誤差の平均
- 平均二乗誤差（MSE：Mean Squared Error）…予測と実際の値との二乗誤差の平均
- 平均二乗対数誤差（MSLE：Mean Squared Logarithmic Error）…予測と実際の値の対数との二乗誤差の平均
- R^2（決定係数）…モデルの予測能力を評価する指標。1に近いほどモデルがデータに適合していることを示す。

6.3 分類問題の評価指標

分類問題を対象とする機械学習モデルの評価指標として,適合率,再現率,F値,正解率が用いられる。以下に定義と特徴を記す。

> 適合率(Precision)…陽性(クラス1)と予測したもののうち,実際に陽性であるものの割合を表す。適合率だけを最適化すると,偽陰性(False Negative, FN)が増加する可能性があり,実際には陽性であるものを誤って陰性(クラス0)と判断することが増える可能性がある。
> 再現率(Recall)…実際に陽性であるもののうち,正しく陽性と予測できたものの割合を表す。再現率だけを最適化すると,偽陽性(False Positive, FP)が増加する可能性があり,実際には陰性であるものを誤って陽性と判断することが増える可能性がある。
> F値(F-measure, F1スコア)…適合率と再現率の調和平均であり,両者をバランスよく評価するために用いる。
> 正解率(Accuracy)…すべての予測のうち正解した予測の割合を表す。実際の算出方法は本節最後に記す。

これらの評価指標は,表6-1に示すような混同行列(Confusion Matrix)として書くことができる。

表6-1 混同行列

	予測:陽性	予測:陰性
実際:陽性	TP	FN
実際:陰性	FP	TN

混同行列は,真陽性(TP:True Positive),偽陽性(FP:False Positive),偽陰性(FN:False Negative),真陰性(TN:True Negative)の四つの値から構成され,それぞれ以下の意味をもつ。

- 真陽性(TP)…実際に陽性であるものを正しく陽性と予測したもの
- 偽陽性(FP)…実際には陰性であるものを誤って陽性と予測したもの
- 偽陰性(FN)…実際には陽性であるものを誤って陰性と予測したもの
- 真陰性(TN)…実際に陰性であるものを正しく陰性と予測したもの

また,これらの値を用いて,適合率,再現率,F値,正解率は以下の式で算出

される。

- 適合率 ＝ TP/(TP + FP)
- 再現率 ＝ TP/(TP + FN)
- F 値 ＝ 2 ×（適合率×再現率)/(適合率＋再現率)
- 正解率 ＝ (TP + TN)/(TP + FP + FN + TN)

6.4 ハイパーパラメータ

　機械学習モデルの学習前に設定されるパラメータのことをハイパーパラメータ（Hyperparameter）と呼ぶ。ハイパーパラメータは，モデルの学習アルゴリズムや最適化手法などにおいて，学習プロセスを制御する上で重要となる。

　よく用いられる機械学習モデルであるランダムフォレストを例に説明すると，以下に示すようなハイパーパラメータがある。

- n_estimators … 決定木の数。決定木の数が多いほど，モデルの性能が向上する可能性があるが，計算時間が増加する。
- max_depth … 決定木の最大深さ。決定木の深さが深いほど，モデルが複雑になるが，過剰適合（オーバーフィッティング）する可能性がある。
- min_samples_split … 内部ノードを分割するために必要な最小サンプル数。この値が大きいほど，モデルが単純になるが，過小適合（アンダーフィッティング）する可能性がある。
- min_samples_leaf … 葉ノードに必要な最小サンプル数。この値が大きいほど，モデルが単純になるが，過小適合する可能性がある。
- max_features … 各決定木で使用する特徴量の最大数。この値が小さいほど，決定木間の相関が低くなる。

　これらのハイパーパラメータは，グリッドサーチ（Grid Search）などの手法を用いて，最適な値を決定することができる。グリッドサーチは，すべての指定されたハイパーパラメータの組み合わせに対し総当たり的にモデルを訓練し性能を評価することで，最適なハイパーパラメータを探索する。ただし，ハイパーパラメータの数や組み合わせに応じて，計算コストが急速に増加するので，すべての組み合わせを試さずに，より短時間でのパラメータ探索を行う，ランダムサーチ（Random Search），ベイズ最適化（Bayesian Optimization）など

の手法も利用される。

6.5 過学習・未学習

　過学習（Overfitting）とは，機械学習モデルが訓練データに過剰に適合し，未知のデータに対する汎化能力が低くなる現象を指す（図6-3 (a)）。過剰適合とも呼ぶ。過学習が発生すると，モデルは訓練データに対しては高い精度を示すが，未知のデータに対しては精度が低くなる。過学習を防ぐための方法としては，以下に示すような，正則化（Regularization），ドロップアウト（Dropout），アーリーストッピング（Early Stopping）などがある。

- 正則化（Regularization）…モデルの複雑さにペナルティを課すことで，過学習を防ぐ手法である。正則化には，L1正則化（Lasso），L2正則化（Ridge）などがある。
- ドロップアウト（Dropout）…ニューラルネットワークにおいて，ランダムにニューロンを無効化することで，過学習を防ぐ手法である。
- アーリーストッピング（Early Stopping）…検証データに対する誤差が最小となった時点で学習を停止することで，過学習を防ぐ手法である。アーリーストッピングは，過学習が発生する前に学習を停止することができる。

　一方，未学習（Underfitting）とは，機械学習モデルが訓練データに十分に適合しない現象を指す（図6-3 (b)）。未学習が発生すると，モデルは訓練データに対しても精度が低くなる。未学習を防ぐための方法としては，モデルの複雑さを増やす，特徴量エンジニアリング（Feature Engineering）を行う，学習率（Learning Rate）を調整するなどがある。

- モデルの複雑化…モデルが単純すぎる場合，未学習が発生する可能性がある。そのため，モデルの複雑さを増やすことで，未学習を防ぐことができる。例えば，ニューラルネットワークにおいては，隠れ層の数やニューロンの数を増やすことで，モデルの複雑さを増やすことができる。
- 特徴量エンジニアリング（Feature Engineering）…データから有用な特徴量を抽出するプロセスのことであり，モデルがデータをより正確に表現できるようにすることで，未学習を防ぐことができる。

- 学習率（Learning Rate）の調整…学習率は，モデルのパラメータを更新する際に使用されるハイパーパラメータ。学習率が適切ではない場合，未学習が発生する可能性があるため，学習率を調整することで未学習を防ぐ。

上記のアプローチを通じて，訓練データに対しても未知のデータに対しても良好な精度を示す適切な学習モデル（図6-3（c））を構築できることが望ましい。

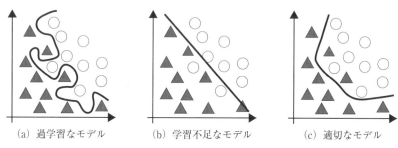

(a) 過学習なモデル　　(b) 学習不足なモデル　　(c) 適切なモデル

図6-3　モデルの学習状況と検証精度の関係

6.6　検　定

機械学習モデルの評価において，モデルの予測精度が偶然によるものではなく，実際に有意な差があるかどうかを判断するために検定を用いる。利用される代表的な検定手法としては，以下のようなものがある。

1. t-検定

t-検定は，二つの平均値が有意に異なるかどうかを判断するための手法である。例えば，二つの異なる機械学習モデルの予測精度が有意に異なるかどうかを判断するためにt-検定が用いる。t-検定の結果はp値として表され，p値が小さいほど，二つの平均値に有意な差があることが示唆される。t-検定を使用する際には，データが正規分布に従っていることや，二つのサンプルの分散が等しいことなどの前提条件が満たされている必要がある。

2. 多重検定

多重検定は，複数の仮説を同時に検定する場合に用いられる手法である。多重検定を行う際には，多重比較問題を考慮する必要がある。多重比較問題とは，複数の仮説を同時に検定することで，偽陽性（FP）の確率が増加する

問題で，この問題を解決するために，ボンフェロニ補正やホルム補正などの手法が用いられる。
- ボンフェロニ補正…多重検定において，各検定の有意水準を，検定する仮説の数で割ることで補正する手法である。偽陽性の確率は制御可能であるが，真陽性の確率が高くなる。
- ホルム補正…ボンフェロニ補正の欠点を克服するために提案された手法である。各検定の p 値を昇順に並べ，最も小さい p 値から順に，その p 値が有意水準/(検定する仮説の数 − その p 値の順位 + 1) よりも小さいかどうかを判断することで，偽陽性の確率を制御しつつ，真陽性の確率も低く抑える。

3. 効果量

二つの平均値の差がどれだけ大きいかを表す指標である。効果量は，Cohen's d や Hedge's g などの指標で表される。効果量が大きいほど，二つの平均値に大きな差があることが示唆される。
- Cohen's d …二つの平均値の差を，標準偏差で割った値のことである。Cohen's d が大きいほど，二つの平均値に大きな差があることが示唆される。Cohen's d は，0.2 未満の場合には小さい効果，0.2 以上 0.8 未満の場合には中程度の効果，0.8 以上の場合には大きい効果とされる。
- Hedge's g … Cohen's d を補正した指標である。Cohen's d は，サンプルサイズが小さい場合にバイアスが生じることがあるため，Hedge's g では，Cohen's d に補正係数をかけ，バイアスを補正する。

6.7　ライブラリの紹介

機械学習のモデル評価に用いる，検定や特徴量エンジニアリングなどを含んだライブラリとして，以下のようなものがある。

- scikit-learn …有名な Python の機械学習ライブラリ。scikit-learn には，機械学習モデルの評価に用いる様々なメトリクスが実装されており，モデルの予測精度や汎化能力を評価することができるだけではなく，特徴量選択や特徴量変換などの特徴量エンジニアリングに関する機能も実装されている。
  URL：https://scikit-learn.org/

- statsmodels … Python の統計モデリングライブラリ。statsmodels には，t-検定や多重検定などの統計的仮説検定が実装されており，モデルの予測精度が偶然によるものではなく，実際に有意な差があるかどうかを判断することができる。
  URL：https://www.statsmodels.org/
- SHAP … SHAP（SHapley Additive exPlanations）値を計算するための Python ライブラリ。
  URL：https://github.com/slundberg/shap
- eli5 … 機械学習モデルの解釈とデバッグを支援する Python ライブラリ。eli5 には，Permutation Importance や LIME（Local Interpretable Model-Agnostic Explanations）などの特徴量重要度を評価する手法が実装されており，モデルの予測結果を解釈することができる。
  URL：https://eli5.readthedocs.io/en/latest/
- Yellowbrick … Yellowbrick は，機械学習モデルの評価と診断を支援する Python ライブラリ。Yellowbrick には，機械学習モデルの評価に用いる様々な可視化ツールが実装されており，モデルの予測精度や汎化能力を視覚的に評価することができる。
- Featuretools … Featuretools は，自動特徴量エンジニアリングを支援する Python ライブラリ。Featuretools には，複数の関連するデータセットから新しい特徴量を自動的に生成する機能が実装されており，特徴量エンジニアリングのプロセスを自動化することができる。
  URL：https://featuretools.alteryx.com/en/stable/

7 実例で学ぶ人間行動認識（サンプルコード付き）

7.1 実例0：オープンデータセットを用いた行動認識

7.1.1 概要（シナリオ）

近年，ウェアラブルセンサやIoTデバイスの普及により，日常の行動や活動をデジタルデータとして収集することが一般的となってきた。これらのデータを解析し，特定の行動や動きを自動的に認識する技術は，健康管理，スポーツトレーニング，介護など，多岐にわたる分野での応用が期待されている。本実例では，公開されているWISDMデータセットを使用して，基本的な行動認識の手法を紹介する。

7.1.2 WISDM（Wireless Sensor Data Mining）について

WISDMデータセットは，スマートフォンの加速度センサを使用して収集された時系列のセンサデータを基に，人間の日常の行動を識別するためのものである。Fordham Universityの研究者によって収集され，公開されている。

データセットは，36人の被験者が6種類の行動（歩行，上り階段，下り階段，座っている，立っている，ジョギング）を行っている間のセンサデータを含んでいる。これらの行動は，日常生活における基本的な動作をカバーしており，行動認識の研究やアプリケーションの開発において，ベンチマークとして使用されることが多い。

各データ点は，被験者ID，行動ラベル，タイムスタンプ，3軸の加速度データ（x, y, z）をもっている。この3軸の加速度データは，スマートフォンが被験者の腰に固定されている状態で収集されている。

WISDMデータセットは，その包括性と公開性から，行動認識の初学者や研究者にとって，手法の評価やプロトタイピングに非常に役立つものとなっている。

7　実例で学ぶ人間行動認識（サンプルコード付き）

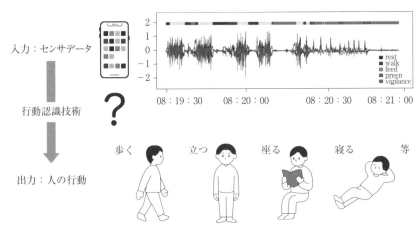

図 7-1　実例 0：オープンデータセットを用いた行動認識

表 7-1　実例 0：オープンデータセットを用いた行動認識の概要

課題設定	6 種類の日常の行動（ジョギング，歩行，階段を上る，階段を下る，座る，立つ）の自動認識
データセット	WISDM データセット。公開リポジトリからダウンロード可能。サンプルとして，加速度データの時系列波形を示すグラフを参照。
使用センサ	スマートフォンの内蔵 3 軸加速度センサ
前処理	欠損値の除去，タイムスタンプの除去，行動ラベルの数値エンコード。
特徴量	時間領域：平均，標準偏差 周波数領域：ピーク周波数，最大振幅，エネルギー
機械学習モデル	ランダムフォレスト分類器
チューニング	特に FineTuning は示されていない。しかし，ハイパーパラメータとして決定木の数を 100 としている。
評価	混同行列，精度，再現率，F1 スコアを使用

7.1.3　Python を用いた行動認識プログラムの実装例

　行動認識は，センサデータを解析して特定の行動や動作を自動的に識別する技術である。このセクションでは，Python を使用して，公開されている WISDM データセットを基に行動認識の基本的なプログラムの実装例を示す。具体的には，データの前処理，特徴量の抽出，モデルの学習と評価までの一連の流れを説明する。

(1) Step1：ライブラリのインポート

　最初に，センサデータの処理と分析に必要なライブラリをインポートする。

- pandas と numpy …データの操作と計算のための基本的なライブラリ
- scipy.fftpack.fft …高速フーリエ変換（FFT）の実行に使用
- scipy.signal.find_peaks …信号からピークを見つけるため
- sklearn …機械学習モデルの学習，評価，前処理のためのライブラリ

```
1  import pandas as pd
2  import numpy as np
3  from scipy.fftpack import fft
4  from scipy.signal import find_peaks
5  from sklearn.model_selection import train_test_split
6  from sklearn.preprocessing import StandardScaler, LabelEncoder
7  from sklearn.ensemble import RandomForestClassifier
8  from sklearn.metrics import classification_report,
     confusion_matrix, accuracy_score
```

(2) Step2：データの読み込み

WISDM データセットは，スマートフォンの加速度センサから収集された行動データを含んでいる。このステップでは，データセットをダウンロードし，適切なフォーマットで読み込む。読み込んだデータの先頭部分を表示して，データの概要を確認する。

図 7-2 は，WISDM データセットに含まれる動作クラスごとの波形サンプルを示している。これにより，各動作クラスの波形の特性を視覚的に確認することができる。

```
1  # WISDM データセットのダウンロード
2  !wget "http://www.cis.fordham.edu/wisdm/includes/datasets/latest/
     WISDM_ar_latest.tar.gz"
3  !tar -xzf "WISDM_ar_latest.tar.gz"
4
5  # データの読み込み
6  column_names = ["user", "activity", "timestamp", "x-axis", "y-axis",
     "z-axis"]
7
8  file = open('WISDM_ar_v1.1/WISDM_ar_v1.1_raw.txt')
```

7 実例で学ぶ人間行動認識（サンプルコード付き）

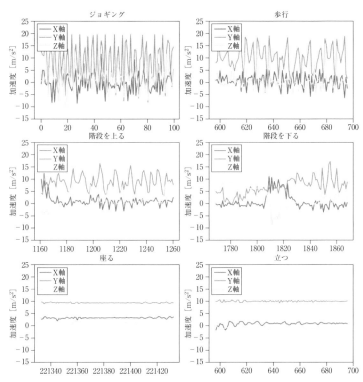

図 7-2　WISDM データセットに含まれる動作クラスごとの波形サンプル

```
 9  lines = file.readlines()
10
11  processedList = []
12
13  for i, line in enumerate(lines):
14      try:
15          line = line.split(',')
16          last = line[5].split(';')[0]
17          last = last.strip()
18          if last == '':
19              break
20          temp = [line[0], line[1], line[2], line[3], line[4], last]
```

```
21          processedList.append(temp)
22      except:
23          print('Error_at_line_number:_', i)
24
25  data = pd.DataFrame(data = processedList, columns = column_names)
26  data['x-axis'] = data['x-axis'].astype(float)
27  data['y-axis'] = data['y-axis'].astype(float)
28  data['z-axis'] = data['z-axis'].astype(float)
29  data.head()
```

(3) Step3：データ前処理

データのクリーニングと前処理を行う。

- 欠損値の除去…不完全なデータを削除
- タイムスタンプの除去…この例ではタイムスタンプは使用しないため，列を削除
- ラベルのエンコード…行動の文字列ラベルを数値に変換

```
1  # 欠損値の除去
2  data.dropna(axis=0, how="any", inplace=True)
3
4  # タイムスタンプの除去（この例では使用しないため）
5  data.drop(["timestamp"], axis=1, inplace=True)
6
7  # ラベルエンコーダのインスタンス化
8  le = LabelEncoder()
9  data["activity"] = le.fit_transform(data["activity"])
```

(4) Step4：特徴量抽出

センサデータから有用な特徴量を抽出する。

1. 時系列データをセグメント化…連続的なセンサデータを固定長のセグメントに分割
2. 時間領域の特徴量を抽出…各セグメントの平均，標準偏差など
3. 周波数領域の特徴量を抽出…FFTを使用して，ピーク周波数，最大振幅，エネルギーなどを計算

7 実例で学ぶ人間行動認識（サンプルコード付き）

4．特徴量の統合…時間領域と周波数領域の特徴量を結合
5．データセットの分割…学習データとテストデータに分割
6．データの正規化…特徴量のスケーリングを行い，モデルの学習を補助

```
1  # 時系列データを固定長のセグメントに分割する関数を定義
2  def create_segments(data, window_size=80, step_size=40):
3      segments = []
4      labels = []
5      for i in range(0, len(data) - window_size, step_size):
6          xs = data["x-axis"].values[i:i + window_size]
7          ys = data["y-axis"].values[i:i + window_size]
8          zs = data["z-axis"].values[i:i + window_size]
9          label = data["activity"].values[i]
10         segments.append([xs, ys, zs])
11         labels.append(label)
12     return segments, labels
13 
14 # 時間領域の特徴量抽出関数を定義
15 def extract_time_features(segments):
16     features = []
17     for segment in segments:
18         xs, ys, zs = segment
19         mean_xs = np.mean(xs)
20         mean_ys = np.mean(ys)
21         mean_zs = np.mean(zs)
22         std_xs = np.std(xs)
23         std_ys = np.std(ys)
24         std_zs = np.std(zs)
25         features.append([mean_xs, mean_ys, mean_zs, std_xs,
                std_ys, std_zs])
26     return np.array(features)
27 
28 # 周波数領域の特徴量抽出関数を定義
```

```python
29  def extract_frequency_features(segments, sampling_rate=50):
30      features = []
31      for segment in segments:
32          xs, ys, zs = segment
33          fft_xs = np.abs(fft(xs))
34          fft_ys = np.abs(fft(ys))
35          fft_zs = np.abs(fft(zs))
36
37          # Peak frequency and maximum amplitude
38          peak_indices_x, _ = find_peaks(fft_xs)
39          peak_indices_y, _ = find_peaks(fft_ys)
40          peak_indices_z, _ = find_peaks(fft_zs)
41          peak_freq_x = peak_indices_x[np.argmax(fft_xs[
                  peak_indices_x])] / len(xs) * sampling_rate
42          peak_freq_y = peak_indices_y[np.argmax(fft_ys[
                  peak_indices_y])] / len(ys) * sampling_rate
43          peak_freq_z = peak_indices_z[np.argmax(fft_zs[
                  peak_indices_z])] / len(zs) * sampling_rate
44          max_amplitude_x = np.max(fft_xs[peak_indices_x])
45          max_amplitude_y = np.max(fft_ys[peak_indices_y])
46          max_amplitude_z = np.max(fft_zs[peak_indices_z])
47
48          # Signal energy
49          energy_x = np.sum(xs ** 2) / len(xs)
50          energy_y = np.sum(ys ** 2) / len(ys)
51          energy_z = np.sum(zs ** 2) / len(zs)
52
53          features.append([peak_freq_x, peak_freq_y, peak_freq_z,
                  max_amplitude_x, max_amplitude_y, max_amplitude_z,
54                  energy_x, energy_y, energy_z])
55
56
```

7 実例で学ぶ人間行動認識（サンプルコード付き）

```
57      return np.array(features)
58
59  # セグメントを用意し，時間領域の特徴量と周波数領域の特徴量を抽出
60  window_size = 80
61  step_size = 40
62  segments, labels = create_segments(data, window_size, step_size)
63
64  time_features = extract_time_features(segments)
65  frequency_features = extract_frequency_features(segments)
66
67  # 時間領域の特徴量と周波数領域の特徴量を統合
68  combined_features = np.concatenate((time_features,
      frequency_features), axis=1)
69
70  # データセットの分割
71  X = combined_features
72  y = np.asarray(labels, dtype=np.float32)
73
74  X_train, X_test, y_train, y_test = train_test_split(X, y,
      test_size=0.3, random_state=42)
75
76  # データの正規化
77  scaler = StandardScaler()
78  X_train_scaled = scaler.fit_transform(X_train)
79  X_test_scaled = scaler.transform(X_test)
```

(5) Step5：モデル構築

ランダムフォレスト分類器を使用して，行動を予測するモデルを学習する。ランダムフォレストは，複数の決定木を組み合わせて予測を行うアンサンブル学習アルゴリズムである。

```
1  # ランダムフォレスト分類器をインスタンス化
2  clf = RandomForestClassifier(n_estimators=100, random_state=42)
3
4  # モデルの学習
5  clf.fit(X_train_scaled, y_train)
```

(6) Step6：モデル評価

学習したモデルの性能を，テストデータを用いて評価する．混同行列，精度，再現率，F1スコアなどの指標を用いて，モデルの予測性能を評価する．この例では，モデルは約96％の正確さで行動を予測できることが示されている．

```
1   # 予測の実行
2   y_pred = clf.predict(X_test_scaled)
3
4   # 評価指標の計算
5   print("Confusion _ Matrix:")
6   print(confusion_matrix(y_test, y_pred))
7   print("\nClassification _ Report:")
8   print(classification_report(y_test, y_pred))
9   print("Accuracy _ Score:")
10  print(accuracy_score(y_test, y_pred))
```

```
1   # 出力
2   Confusion Matrix:
3   [[198    7    0    0   18   11]
4    [  4  961    0    0    3    3]
5    [  0    0   29    0    1    0]
6    [  0    1    0   32    0    0]
7    [ 19    7    0    0  229   11]
8    [  7    6    0    0    3 1026]]
9
10  Classification Report:
11              precision    recall  f1-score   support
```

```
12
13       0.0         0.87      0.85      0.86       234
14       1.0         0.98      0.99      0.98       971
15       2.0         1.00      0.97      0.98        30
16       3.0         1.00      0.97      0.98        33
17       4.0         0.90      0.86      0.88       266
18       5.0         0.98      0.98      0.98      1042
19
20   accuracy                            0.96      2576
21   macro avg       0.95      0.94      0.95      2576
22   weighted avg    0.96      0.96      0.96      2576
23
24  Accuracy Score:
25  0.9607919254658385
```

7.1.4 まとめ

実例0を通じて，センサデータからの人間の行動認識の基本的な手順を学んだ。この基本的な枠組みは，さまざまな環境や条件下での行動認識タスクに応用することができる。次の実例では，特定のセンサ配置や応用シナリオに焦点を当て，より具体的な行動認識の応用例を紹介する。

7.2　実例1：単一ウェアラブルセンサを用いた行動認識

7.2.1　概要（シナリオ）

ウェアラブルセンサを活用した行動認識は，多くのアプリケーションで注目されている。特に，単一のセンサを使用して日常の動作や活動を正確に識別することは，シンプルなセットアップでの適用が可能となるため，多くの場面で有効である。この実例では，ベルト型のウェアラブルセンサを使用して，様々な行動を認識する方法を紹介する。

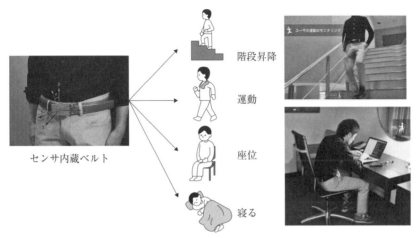

図7-3 実例1：単一ウェアラブルセンサを用いた行動認識のイメージ

表7-2 実例1：単一ウェアラブルセンサを用いた行動認識の概要

課題設定	日常の行動（歩行，上り階段，下り階段，座っている，立っている，ジョギング）の自動認識
データセット	1_waistbelt_toydataset.csv
使用センサ	加速度センサ，ジャイロセンサ（今回の例では使用せず）
前処理	欠損値の除去，タイムスタンプの除去，行動ラベルの数値エンコード
特徴量	時間領域：平均，標準偏差 周波数領域：ピーク周波数，最大振幅，エネルギー
機械学習モデル	ランダムフォレスト分類器
チューニング	―
評価	Stratified k-Fold CV（層化交差検証），混同行列，精度，再現率，F1スコアを使用

7.2.2 データセットの概要

この実例で使用するデータセットは，ベルト型のウェアラブルセンサから収集された加速度データを含んでいる。データセットは，以下のリポジトリからアクセス可能である：

リポジトリURL：https://github.com/activity-recognition-examples/case1

7.2.3 特徴量の抽出

提供されているプログラムでは，加速度データから時系列の特徴量と周波数領域の特徴量を抽出している。時系列の特徴量としては，各軸の平均値や標準偏差が使用されている。周波数領域の特徴量としては，ピーク周波数，最大振

幅，およびエネルギーが抽出されている。

データセットにはジャイロセンサのデータも含まれている。ジャイロセンサのデータを特徴量として追加することで，認識の精度がさらに向上する可能性がある。読者の皆様には，ジャイロセンサのデータを特徴量として追加し，その効果を試してみることをおすすめする。

7.2.4 モデルの学習と評価

行動の分類のためのモデルとして，ランダムフォレストが使用されている。データセットの分割方法として，層化交差検証（Stratified K-Fold）を採用している。これにより，各分割でのクラスのバランスを維持しつつ，モデルの汎化性能を評価することができる。図7-4は，データセットの交差検証のデータ分割を可視化したものである。

最終的なモデルの評価結果として，混同行列と各クラスに対する精度，再現率，F1スコアなどの評価指標が表示されている。これにより，どの行動が他

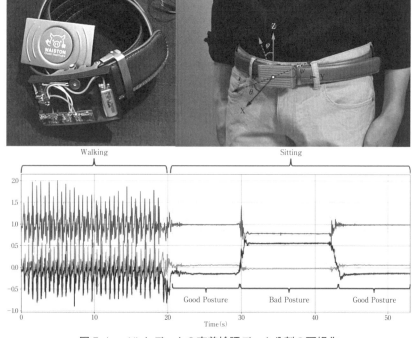

図7-4　ベルトデータの交差検証データ分割の可視化

の行動と混同されやすいのか，もしくはモデルの全体的な性能を確認することができる．

7.2.5 まとめ

この実例を通して，単一のウェアラブルセンサから得られるデータを使用して，日常のさまざまな行動を識別する方法を学ぶことができた．特徴量の抽出からモデルの評価までの一連の流れを確認することで，実際の応用場面においても同様のアプローチを適用するヒントが得られることを期待する．

```
1  def create_segments(data, target_x, target_y, target_group,
      window_size=80, step_size=40):
2      segments = []
3      labels = []
4      group = []
5
6      for i in range(0, len(data) - window_size, step_size):
7          segments_data = []
8          for x in target_x:
9              x_values = data[x].values[i:i + window_size]
10             segments_data.append(x_values)
11         label = data[target_y].values[i]
12         member = data[target_group].values[i]
13
14         segments.append(segments_data)
15         labels.append(label)
16         group.append(member)
17     return segments, labels, group
18
19
20 def create_label_segments(data, target, window_size=80,
      step_size=40):
21     ys = []
22     for i in range(0, len(data) - window_size, step_size):
23         segments_data = []
```

```python
            y = data[target].values[i]
            y.append(y)
    return ys


def extract_time_features(segments):
    features = []
    for segment in segments:
        segment_features = []
        for axis in segment:
            mean_axis = np.mean(axis)
            std_axis = np.std(axis)
            segment_features.extend([mean_axis, std_axis])
        features.append(segment_features)
    return np.array(features)

def extract_frequency_features(segments, sampling_rate=100):
    features = []
    for segment in segments:
        segment_features = []
        for axis in segment:
            fft_axis = np.abs(fft(axis))

            # Peak frequency and maximum amplitude
            peak_indices, _ = find_peaks(fft_axis)

            if len(peak_indices) > 0:
                peak_freq = peak_indices[np.argmax(fft_axis
                    [peak_indices])] / len(axis) * sampling_rate
                max_amplitude = np.max(fft_axis[peak_indices])
            else:
                peak_freq = 0.0  # デフォルトの値を設定
```

```
55                max_amplitude = 0.0  # デフォルトの値を設定
56
57            # Signal energy
58            energy = np.sum(axis ** 2) / len(axis)
59
60            segment_features.extend([peak_freq, max_amplitude,
                  energy])
61
62        features.append(segment_features)
63
64    return np.array(features)
```

```
1   # トイデータの読み込み
2   data = pd.read_csv('1_waistbelt_toydataset_A.csv', index_col=0)
3   # 欠損値の除去
4   data.dropna(axis=0, how="any", inplace=True)
5
6
7   # ラベルエンコーダのインスタンス化
8   le0 = LabelEncoder()
9   data["action"] = le0.fit_transform(data["action"])
10
11  le1 = LabelEncoder()
12  data["user_id"] = le1.fit_transform(data["user_id"])
13
14  # セグメントを用意し，時間領域の特徴量と周波数領域の特徴量を抽出
15  window_size = 80
16  step_size = 40
17  target_x = ['Accs.X', 'Accs.Y', 'Accs.Z']
18  target_y = "action"
19  terget_group = "user_id"
```

```
20  segments, labels, group = create_segments(data, target_x,
        target_y, target_group, window_size, step_size)
21
22  time_features = extract_time_features(segments)
23  frequency_features = extract_frequency_features(segments)
24
25  # 時間領域の特徴量と周波数領域の特徴量を統合
26  combined_features = np.concatenate((time_features,
        frequency_features), axis=1)
27
28  # データセットの分割
29  X = combined_features
30  y = np.asarray(labels)
```

```
1   # StratifiedKFold のインスタンスを作成（5 分割）
2   skf = StratifiedKFold(n_splits=5)
3
4   all_y_true = []
5   all_y_pred = []
6
7   # 分割
8   for train_index, test_index in skf.split(X, y):
9       X_train, X_test = X[train_index], X[test_index]
10      y_train, y_test = y[train_index], y[test_index]
11
12
13      # モデルの学習
14      clf.fit(X_train, y_train)
15
16      # 予測
17      y_pred = clf.predict(X_test)
18
```

```
19      # 保存
20      all_y_true.extend(y_test)
21      all_y_pred.extend(y_pred)
22
23  all_y_true = le0.inverse_transform(np.array(
        all_y_true).astype(np.int32))
24  all_y_pred = le0.inverse_transform(np.array(
        all_y_pred).astype(np.int32))
25
26  # 全ユーザの結果に基づく混同行列と分類レポートを表示
27  print("Confusion Matrix:")
28  print(confusion_matrix(all_y_true, all_y_pred,
        labels=target_names))
29
30  print("\nClassification Report:")
31  print(classification_report(all_y_true, all_y_pred,
        labels=target_names))
```

```
1   # 出力
2   Confusion Matrix:
3   [[140    8    1    1    0    0    0    0]
4    [ 10  129    9    2    0    0    0    0]
5    [  3    6  138    1    0    0    0    0]
6    [  0    1    2  147    0    0    0    0]
7    [  1    0    0    0  149    0    0    0]
8    [  0    0    0    3    0  147    0    0]
9    [  1    0    0    0    0    9  140    0]
10   [  0    1    0    0    0    0    0  149]]
11
```

```
12  Classification Report:
13                 precision    recall  f1-score   support
14
15           walk       0.90      0.93      0.92       150
16  walk-climbdown      0.89      0.86      0.87       150
17    walk-climbup      0.92      0.93      0.93       148
18            run       0.95      0.98      0.97       150
19           jump       1.00      0.99      1.00       150
20            sit       0.94      0.98      0.96       150
21          stand       1.00      0.93      0.97       150
22            lie       1.00      0.99      1.00       150
23
24       accuracy                           0.95      1198
25      macro avg       0.95      0.95      0.95      1198
26   weighted avg       0.95      0.95      0.95      1198
```

7.3 実例2：棒体操の種目認識

7.3.1 概要（シナリオ）

棒体操は，高齢者の転倒予防や健康増進を目的として考案された運動で，棒を用いた動作を繰り返すことで運動機能の向上を目指している．この実例では，棒体操の棒に取り付けられたセンサからのデータを使用して，実施中の種目を自動的に認識する方法を紹介する．図7-5は，棒体操の種目の概要を示している．

7.3.2 データセットの概要

データセットは，棒体操の運動中に取得されたクォータニオンデータと加速度データを含んでいる．クォータニオンは，3次元の回転を表現するのに適した数学的な方法で，センサの回転や方向を効果的に捉えることができる．このデータセットは以下のリポジトリからアクセス可能である．

リポジトリURL：https://github.com/activity-recognition-examples/case2

(a) またぐ体操

(b) ばんざい体操

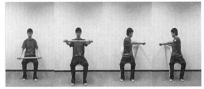
(c) 体を捻る体操

(d) 体を横に倒す体操

(e) 前かがみになる体操

(f) 肩を捻る体操

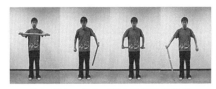
(g) 背中の後ろで棒を受け取る体操

(h) 手で回す体操

図 7-5　実例 2：認識する棒体操の種目

表 7-3　実例 2：棒体操種目認識の概要

課題設定	棒体操の種目認識
データセット	2_short-stick-exercise_toydataset.csv
使用センサ	クォータニオンセンサ（棒体操の棒に取り付け）
前処理	欠損値の除去，ラベルのエンコーディング
特徴量	時系列特徴量（平均，標準偏差），周波数領域の特徴量（ピーク周波数，最大振幅，エネルギー）
機械学習モデル	ランダムフォレスト
チューニング	グリッドサーチによるハイパーパラメータの最適化
評価	Leave-One-Group-Out（一つのグループを残して検証）

7.3.3 特徴量の抽出

提供されているプログラムでは，クォータニオンデータから時系列の特徴量と周波数領域の特徴量を抽出している。時系列の特徴量としては，各軸の平均値や標準偏差が使用されている。周波数領域の特徴量としては，ピーク周波数，最大振幅，およびエネルギーが抽出されている。

データセットには加速度データも含まれている。この加速度データを特徴量として追加することで，認識の精度がさらに向上する可能性がある。読者の皆様には，この加速度データを特徴量として利用し，その効果を試してみることをおすすめする。

7.3.4 モデルの学習と評価

行動の分類のためのモデルとして，ランダムフォレストが使用されている。モデルのパラメータ選択にはグリッドサーチを使用し，最適なパラメータの組み合わせを自動的に選択している。データセットの分割方法として，Leave-One-Group-Out（LOGO）を採用している。これにより，一人のユーザのデータをテスト用に，残りのユーザのデータを学習用に使用することで，モデルの汎化性能を評価することができる。図7-6は，データセットの交差検証のデータ分割を可視化したものである。

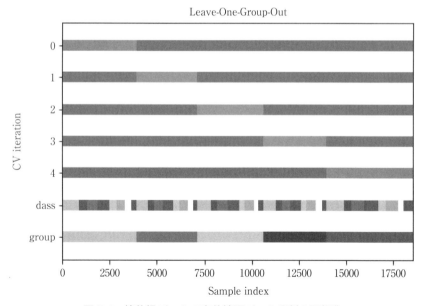

図7-6　棒体操データの交差検証データ分割の可視化

最終的なモデルの評価結果として，混同行列と各クラスに対する精度，再現率，F1 スコアなどの評価指標が表示されている．これにより，どの種目が他の種目と混同されやすいのか，もしくはモデルの全体的な性能を確認することができる．

認識精度に関する考察として，特定の種目が他の種目と混同されやすい傾向が見られる場合，データセットの不均衡や特徴量の不足が原因として考えられる．また，モデルの汎化性能を高めるためには，複数のユーザのデータを使用して学習することが一般的であるが，一人のデータに特化したモデルを構築することで，そのユーザの行動の特性を捉えることができ，種目認識の精度をさらに向上させることが期待できる．

7.3.5 まとめ

この実例を通して，センサデータから棒体操の種目を自動的に認識する方法を学ぶことができた．特徴量の抽出からモデルの評価までの一連の流れを確認することで，実際の応用場面においても同様のアプローチを適用するヒントが得られることを期待する．

```
# トイデータの読み込み
data = pd.read_csv('2_short-stick-exercise_toydataset.csv',
   index_col=0)

# 欠損値の除去
data.dropna(axis=0, how="any", inplace=True)


# セグメントを用意し，時間領域の特徴量と周波数領域の特徴量を抽出
window_size = 80
step_size = 40
target_x = ['Quaternion.X', 'Quaternion.Y', 'Quaternion.Z']
target_y = "action"
terget_group = "user_id"
target_names = list(data[target_y].unique())

```

7 実例で学ぶ人間行動認識（サンプルコード付き）

```python
16  # ラベルエンコーダのインスタンス化
17  le0 = LabelEncoder()
18  data["action"] = le0.fit_transform(data["action"])
19
20  le1 = LabelEncoder()
21  data["user_id"] = le1.fit_transform(data["user_id"])
22
23  segments, labels, groups = create_segments(data, target_x,
        target_y, target_group, window_size, step_size)
24
25  # 特徴量抽出
26  time_features = extract_time_features(segments)
27  frequency_features = extract_frequency_features(segments)
28
29  # 時間領域の特徴量と周波数領域の特徴量を統合
30  combined_features = np.concatenate((time_features,
        frequency_features), axis=1)
31
32  # データセットの分割
33  X = combined_features
34  y = np.asarray(labels, dtype=np.float32)
```

```python
1  X_train, X_test, y_train, y_test = train_test_split(X, y,
       random_state=42)
2
3  # パラメータのグリッドを定義
4  param_grid = {
5      'n_estimators': [50, 100, 200, 300, 400],
6      'max_depth': [None, 10, 20, 30, 40, 50]
7  }
8
```

```python
# グリッドサーチの初期化
grid_search = GridSearchCV(RandomForestClassifier(
    random_state=42), param_grid, cv=5)

# グリッドサーチの実行
grid_search.fit(X_train, y_train)

# 最適なパラメータの表示
print(f"Best parameters: {grid_search.best_params_}")

# 最適なパラメータで学習したモデルの取得
best_model = grid_search.best_estimator_
```

```python
# LeaveOneGroupOut のインスタンスを作成
logo = LeaveOneGroupOut()

all_y_true = []
all_y_pred = []

# 分割
for train_index, test_index in logo.split(X, y, groups):
    X_train, X_test = X[train_index], X[test_index]
    y_train, y_test = y[train_index], y[test_index]


    # モデルの学習
    clf.fit(X_train, y_train)

    # 予測
    y_pred = clf.predict(X_test)

```

```
19      # 保存
20      all_y_true.extend(y_test)
21      all_y_pred.extend(y_pred)
22
23      # 予測結果の評価（ここでは正解率）
24      print(accuracy_score(y_test, y_pred))
25
26
27  all_y_true = le0.inverse_transform(np.array(all_y_true).astype(
        np.int32))
28  all_y_pred = le0.inverse_transform(np.array(all_y_pred).astype(
        np.int32))
29
30  # 全ユーザの結果に基づく混同行列と分類レポートを表示
31  print("Confusion␣Matrix:")
32  print(confusion_matrix(all_y_true, all_y_pred, labels=
        target_names))
33
34  print("\nClassification␣Report:")
35  print(classification_report(all_y_true, all_y_pred,
        labels=target_names))
```

```
1   # 出力
2   Confusion Matrix:
3   [[3345   38   94   22  294   31   26  189]
4    [  93 1324   21  105  237    6    2   60]
5    [ 249   40 1792  248   48  140   23   21]
6    [  17  115  169 2674    7  137   21   14]
7    [ 252  165   15    0 1168    8    0   28]
8    [ 118   46  170  215   52 1815  164   14]
9    [  32    0   59   32    0  181 1145    4]
10   [ 269   87   11    4   65   10    2  801]]
```

```
11
12  Classification Report:
13              precision    recall  f1-score   support
14
15       exe-a       0.76      0.83      0.80      4039
16       exe-b       0.73      0.72      0.72      1848
17       exe-c       0.77      0.70      0.73      2561
18       exe-d       0.81      0.85      0.83      3154
19       exe-e       0.62      0.71      0.67      1636
20       exe-f       0.78      0.70      0.74      2594
21       exe-g       0.83      0.79      0.81      1453
22       exe-h       0.71      0.64      0.67      1249
23
24    accuracy                           0.76     18534
25   macro avg       0.75      0.74      0.75     18534
26 weighted avg     0.76      0.76      0.76     18534
```

7.4 実例3：複数センサを用いた体幹トレーニング種目推定

7.4.1 概要（シナリオ）

体幹トレーニングは，身体の中心部の筋力を鍛える運動である。全体的な身体のバランスや安定性を向上させることが期待できる。この実例では，体幹トレーニング中に取得された左手首の加速度センサからのデータを使用して，実

図 7-7　実例3：センサ装着位置と認識する体幹トレーニングの種目

表 7-4 実例 3：複数センサを用いた体幹トレーニング種目推定の概要

課題設定	体幹トレーニング種目の推定
データセット	3_exercise_toydataset.csv
使用センサ	ウェスト，両手，両足に取り付けられた加速度センサ（特に左手首のデータを利用）
前処理	欠損値の除去，ラベルのエンコーディング
特徴量	時系列特徴量（平均，標準偏差），周波数領域の特徴量（ピーク周波数，最大振幅，エネルギー）
機械学習モデル	ランダムフォレスト
チューニング	―（プログラム内では明示的なグリッドサーチの記述がない）
評価	Leave-One-Group-Out（一つのグループを残して検証）

施中のトレーニング種目を自動的に推定する方法を紹介する。

7.4.2 データセットの概要

データセットは，体幹トレーニング中に取得された加速度センサデータを含んでいる。このデータセットは以下のリポジトリからアクセス可能である。

リポジトリ URL：https://github.com/activity-recognition-examples/case3

7.4.3 特徴量の抽出

データから時系列の特徴量と周波数領域の特徴量を抽出している。時系列の特徴量としては，各軸の平均値や標準偏差が使用されている。周波数領域の特徴量としては，ピーク周波数，最大振幅，およびエネルギーが抽出されている。

7.4.4 モデルの学習と評価

行動の分類のためのモデルとして，ランダムフォレストが使用されている。データセットの分割方法として，Leave-One-Group-Out（LOGO）を採用している。これにより，一人のユーザのデータをテスト用に，残りのユーザのデータを学習用に使用し，モデルの汎化性能を評価する。

最終的なモデルの評価結果として，混同行列と各クラスに対する精度，再現率，F1 スコアなどの評価指標が表示されている。これにより，どのトレーニング種目が他の種目と混同されやすいのか，もしくはモデルの全体的な性能を確認することができる。

7.4.5 まとめ

この実例を通して，センサデータから体幹トレーニングの種目を自動的に推定する方法を紹介した。特徴量の抽出からモデルの評価までの一連の流れを確認することで，実際の応用場面においても同様のアプローチを適用するヒント

を得られるだろう。

このデータセットには，両手，両足，ウエストの位置に取り付けられたセンサからのデータが含まれている．これにより，身体の様々な部位からの情報を組み合わせて分析することが可能である．例えば，手と足のセンサデータを組み合わせることで，より複雑な動作や微細な動きの識別が向上するかもしれない．さらに，これらのセンサデータの組み合わせや選択によって，認識精度がどのように変化するかを調査することは，実用的なシナリオにおいて非常に有益である．特定のセンサの位置が特定のトレーニング種目の識別に最も効果的であるか，または複数のセンサデータの組み合わせが最も効果的であるかを特定することで，システムの精度と効率を最適化することができる．

読者の皆様には，このデータセットを使用して，異なるセンサの組み合わせや選択による影響を自分で探求してみることをおすすめする．このような実験は，センサベースの活動認識やその他の関連分野における研究の基盤として役立つだろう．

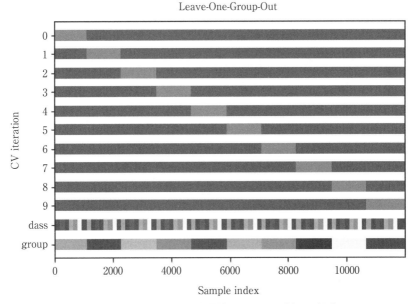

図 7-8　筋トレデータの交差検証データ分割の可視化

7 実例で学ぶ人間行動認識（サンプルコード付き）

```python
data = pd.read_csv('3_exercise_toydataset.csv', index_col=0)

# 欠損値の除去
data.dropna(axis=0, how="any", inplace=True)

# セグメントを用意し，時間領域の特徴量と周波数領域の特徴量を抽出
window_size = 80
step_size = 40
target_x = ['left-wrist_Accs.X', 'left-wrist_Accs.Y',
    'left-wrist_Accs.Z']
target_y = "action"
terget_group = "user_id"
target_names = list(data[target_y].unique())

# ラベルエンコーダのインスタンス化
le0 = LabelEncoder()
le1 = LabelEncoder()
data["action"] = le0.fit_transform(data["action"])
data["user_id"] = le1.fit_transform(data["user_id"])

segments, labels, groups = create_segments(data, target_x,
    target_y, target_group, window_size, step_size)

# 特徴量抽出
time_features = extract_time_features(segments)
frequency_features = extract_frequency_features(segments)

# 時間領域の特徴量と周波数領域の特徴量を統合
combined_features = np.concatenate((time_features,
    frequency_features), axis=1)

# データセットの分割
```

```python
X = combined_features
y = np.asarray(labels, dtype=np.float32)
```

```python
# LeaveOneGroupOut のインスタンスを作成
logo = LeaveOneGroupOut()

all_y_true = []
all_y_pred = []

# 分割数，ここでは5分割
for train_index, test_index in logo.split(X, y, groups):
    X_train, X_test = X[train_index], X[test_index]
    y_train, y_test = y[train_index], y[test_index]


# モデルの学習
clf.fit(X_train, y_train)

# 予測
y_pred = clf.predict(X_test)

# 保存
all_y_true.extend(y_test)
all_y_pred.extend(y_pred)

# 予測結果の評価（ここでは正解率）
print(accuracy_score(y_test, y_pred))

all_y_true = le0.inverse_transform(np.array(all_y_true).astype(np.int32))
all_y_pred = le0.inverse_transform(np.array(all_y_pred).astype(np.int32))
```

```
28
29  # 全ユーザの結果に基づく混同行列と分類レポートを表示
30  print("Confusion_Matrix:")
31  print(confusion_matrix(all_y_true, all_y_pred,
      labels=target_names))
32  print("\nClassification_Report:")
33  print(classification_report(all_y_true, all_y_pred,
      labels=target_names))
```

```
1   # 出力
2   Confusion Matrix:
3   [[1107    9  144    0  159   60    7   14]
4    [   9 1398   46    0    0    0    4   43]
5    [ 100   10 1047    3  245   94    1    0]
6    [   2    0    2 1045    0    2  449    0]
7    [  70    1  187    0 1175   65    0    2]
8    [ 159    0  171    3   59 1108    0    0]
9    [   1   25    0  280    0    0 1194    0]
10   [  43   34    6    1    1    0    0 1413]]
11
12  Classification Report:
13                   precision  recall  f1-score  support
14
15        airchair       0.74    0.74      0.74     1500
16          crunch       0.95    0.93      0.94     1500
17            dips       0.65    0.70      0.67     1500
18           plank       0.78    0.70      0.74     1500
19          pushup       0.72    0.78      0.75     1500
20     reverseplank       0.83    0.74      0.78     1500
21   sideplank-left       0.72    0.80      0.76     1500
22           squat       0.96    0.94      0.95     1498
23
```

24	accuracy			0.79	11998
25	macro avg	0.79	0.79	0.79	11998
26	weighted avg	0.79	0.79	0.79	11998

7.5 実例4：発電素子を用いた人間行動認識

7.5.1 概要（シナリオ）

この実例では，名札型のセンサに搭載された環境発電素子（2種類の太陽光パネルとピエゾ素子）からの発電信号を使用して，使用者がどの場所にいるかを自動的に推定する。場所としては，ラボ，ホール，エレベータなどが考慮されている。

リポジトリURL：https://github.com/activity-recognition-examples/case4

7.5.2 データセットの概要

データセットは，名札型のセンサに搭載された環境発電素子から取得される発電信号を含んでいる。特に，2種類の太陽光パネルとピエゾ発電素子の3種類の信号が利用されている。

7.5.3 特徴量の抽出

提供されているプログラムでは，発電信号から時系列の特徴量と周波数領域の特徴量を抽出している。時系列の特徴量としては，各信号の平均値や標準偏差が使用されている。周波数領域の特徴量としては，ピーク周波数，最大振幅，およびエネルギーが抽出されている。

表7-5　実例4：発電素子を用いた人間行動認識の概要

課題設定	場所の推定（例：ラボ，ホール，エレベータなど）
データセット	4_zel_toydataset.csv
使用センサ	名札型センサに搭載した2種類の太陽光パネル（Solar.A，Solar.B）とピエゾ発電素子
前処理	欠損値の除去，ラベルのエンコーディング
特徴量	時系列特徴量（平均，標準偏差），周波数領域の特徴量（ピーク周波数，最大振幅，エネルギー）
機械学習モデル	ランダムフォレスト
評価	Leave-One-Group-Out，および個人特化モデルのStratified k-Fold

7.5.4 モデルの学習と評価

場所の推定のためのモデルとして，ランダムフォレストが使用されている。データセットの分割方法として，Leave-One-Group-Out（LOGO）と，個人特化モデルの Stratified k-Fold を採用している。これにより，一人のユーザのデータをテスト用に，残りのユーザのデータを学習用に使用し，モデルの汎化性能を評価する。また，個人特化モデルの評価では，各個人のデータに対して層化交差検証が適用されている。

最終的なモデルの評価結果として，混同行列と各場所に対する精度，再現率，F1 スコアなどの評価指標が表示されている。

7.5.5 まとめ

この実例を通して，名札型センサの環境発電素子からの発電信号を利用して，使用者の位置を自動的に推定する方法を学んだ。特徴量の抽出からモデルの評価までの一連の流れを確認することで，実際の応用場面においても同様のアプローチを適用するヒントを得られるだろう。

図 7-9　実例 4：発電素子を用いた人間行動認識のイメージ

```python
1   # トイデータの読み込み
2   data = pd.read_csv('4_zel_toydataset.csv', index_col=0)
3
4   # 欠損値の除去
5   data.dropna(axis=0, how="any", inplace=True)
6
7   # セグメントを用意し，時間領域の特徴量と周波数領域の特徴量を抽出
8   window_size = 80
9   step_size = 40
10  target_x = ['Solar.A','Solar.B','Piezo']
11  target_y = "place"
12  terget_group = "user_id"
13  target_names = list(data[target_y].unique())
14
15  # ラベルエンコーダのインスタンス化
16  le1 = LabelEncoder()
17  le2 = LabelEncoder()
18  le3 = LabelEncoder()
19  data["action"] = le1.fit_transform(data["action"])
20  data["place"] = le2.fit_transform(data["place"])
21  data["user_id"] = le3.fit_transform(data["user_id"])
22
23  segments, labels, groups = create_segments(data, target_x,
      target_y, terget_group, window_size, step_size)
24
25  time_features = extract_time_features(segments)
26  frequency_features = extract_frequency_features(segments)
27
28  # 時間領域の特徴量と周波数領域の特徴量を統合
29  combined_features = np.concatenate((time_features,
      frequency_features), axis=1)
30
```

7 実例で学ぶ人間行動認識（サンプルコード付き）

```
31  # データセットの分割
32  X = combined_features
33  y = np.asarray(labels, dtype=np.float32)
```

```
1   # LeaveOneGroupOut のインスタンスを作成
2   logo = LeaveOneGroupOut()
3
4   all_y_true = []
5   all_y_pred = []
6
7   # 分割数，ここでは５分割
8   for train_index, test_index in logo.split(X, y, groups):
9       X_train, X_test = X[train_index], X[test_index]
10      y_train, y_test = y[train_index], y[test_index]
11
12
13      # モデルの学習
14      clf.fit(X_train, y_train)
15
16      # 予測
17      y_pred = clf.predict(X_test)
18
19      # 保存
20      all_y_true.extend(y_test)
21      all_y_pred.extend(y_pred)
22
23      # 予測結果の評価（ここでは正解率）
24      print(accuracy_score(y_test, y_pred))
25
26  all_y_true = le2.inverse_transform(np.array(all_y_true).astype(
    np.int32))
```

```
all_y_pred = le2.inverse_transform(np.array(all_y_pred).astype(
    np.int32))

# 全ユーザの結果に基づく混同行列と分類レポートを表示
print("Confusion _ Matrix:")
print(confusion_matrix(all_y_true, all_y_pred,
    labels=target_names))

print("\nClassification _ Report:")
print(classification_report(all_y_true, all_y_pred,
    labels=target_names))
```

```
# 出力
Confusion Matrix:
[[4837 1434   20  109   88  877 1464]
 [ 762 2721   19  881   76  346  291]
 [  59  103  502   39  121  605   37]
 [  64  669   11 2360   19    7  251]
 [  53   77   43   69 8834 1703   41]
 [ 381  180  147   14 1315 6658  385]
 [1631  619   30 1098   84 1380 1783]]

Classification Report:
             precision  recall  f1-score  support

        lab       0.62    0.55      0.58     8829
       hall       0.47    0.53      0.50     5096
    elevator      0.65    0.34      0.45     1466
     stairs       0.52    0.70      0.59     3381
    outdoors      0.84    0.82      0.83    10820
      store       0.58    0.73      0.64     9080
     toilet       0.42    0.27      0.33     6625
```

```
         accuracy                           0.61      45297
        macro avg       0.58      0.56      0.56      45297
     weighted avg       0.61      0.61      0.60      45297
```

```python
# 個人特化モデルの評価
groups = np.array(groups)

# 各個人のデータに対して層化交差検証を適用し
skf = StratifiedKFold(n_splits=5)

all_y_true = []
all_y_pred = []

for group in np.unique(groups):
    group_X = X[groups == group]
    group_y = y[groups == group]

    for train_index, test_index in skf.split(group_X, group_y,
      groups=groups[groups == group]):
        X_train, X_test = group_X[train_index], group_X[test_index]
        y_train, y_test = group_y[train_index], group_y[test_index]

        clf.fit(X_train, y_train)

        score = clf.score(X_test, y_test)
        print(f"Test score for group {group}: {score}")

        y_pred = clf.predict(X_test)

        # 保存
        all_y_true.extend(y_test)
        all_y_pred.extend(y_pred)
```

```
1   # 出力
2   Confusion Matrix:
3   [[7798  174   37   72   72  448  228]
4    [ 242 2953   50  949   57  294  551]
5    [  51   99  732   46   56  436   46]
6    [  93  529   29 2557   13   31  129]
7    [  49   93   44   83 9918  619   14]
8    [ 329  179  180    9  525 7572  286]
9    [ 448  460   36  124    2  452 5103]]
10
11  Classification Report:
12                precision  recall  f1-score  support
13
14           lab      0.87    0.88    0.87     8829
15          hall      0.66    0.58    0.62     5096
16       elevator    0.66    0.50    0.57     1466
17        stairs     0.67    0.76    0.71     3381
18       outdoors    0.93    0.92    0.92    10820
19         store     0.77    0.83    0.80     9080
20        toilet     0.80    0.77    0.79     6625
21
22       accuracy                    0.81    45297
23      macro avg    0.76    0.75    0.75    45297
24   weighted avg    0.81    0.81    0.81    45297
```

7.6 実例5：SALON（生活行動認識）

7.6.1 概要（シナリオ）

この実例では，家に設置された各種センサの時系列データから住人の日常生活行動を認識する（図7-10）。

リポジトリURL：https://github.com/activity-recognition-examples/case5

7.6.2 SALONデータセットの説明

一般住宅をスマートホーム化するSALONの構成要素と設置の様子を図7-12に示す。SALONは，60歳代から80歳代までの高齢者家庭10軒（うち単身居住者家庭3軒，二人居住者家庭7軒）に設置され，各2ヶ月間のデータ収集が行われている。これらの家庭には，家の間取りに合わせて，人感センサ（6〜10個），環境センサ（7〜10個），ドアセンサ（0〜2個），行動ラベリング用押しボタン（5個：入浴，料理，食事，外出，睡眠）が設置された。本節では，このうちの単身居住者1軒の2ヶ月分のデータを使用する。なお，各センサの反応を10秒間隔でリサンプリング済みのデータを利用する。実例5の概要を表7-6に示す。

表7-6 実例5：宅内行動認識の概要

課題設定	各日常生活行動（入浴，料理，食事，外出，睡眠）について，その行動を行っているかどうかの2値分類
使用センサ	人感センサ，環境センサ，ドアセンサ
データセット	本文中で説明
機械学習モデル	決定木，ランダムフォレスト，ロジスティック回帰，ニューラルネットワーク
チューニング	特に行っていない
前処理など	欠損値の補間など
評価	Precision, Recall, F値, Accuracy

図 7-10 実例 5：宅内行動認識のイメージ

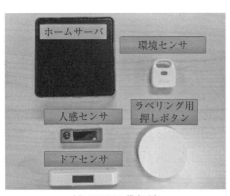

(a) SALON の構成要素

(b) 人感センサの取付例

(c) ドアセンサの取付例

(d) 人感センサ・環境センサの取付例

(e) ホームサーバの設置例

図 7-11 SALON の構成要素と設置の様子

7.6.3 Python を用いた生活行動認識技術の実装例

SALON データセットを用いて，生活行動認識モデルを Python で実装する方法を説明する。ここでは，対象行動を設定し，その行動であるかどうかを判

定する2値分類モデルを構築する．機械学習モデルとして，決定木，ランダムフォレスト，ロジスティック回帰，ニューラルネットワークを使用する．ここでは，Pandas，Scikit-learnなどのライブラリを利用する．

Step1：ライブラリのインポート

```
1  import pandas as pd
```

Step2：データの読み込み

```
1  X_df = pd.read_pickle("demo_X.pickle")
2  y_df = pd.read_pickle("demo_y.pickle")
```

Step3：データ内容の確認

```
1  X_df.head(3)
```

読み込んだデータの内容の一部を表7-7に示す．

表7-7 データセットの読み込み内容

	05178E7A_enocean-motion.pir	05178E60_enocean-motion.pir	05178E4E_enocean-motion.pir	05179234_enocean-motion.pir
0	0.000000	0.0	0.136364	0.076923
1	0.000000	0.0	0.000000	0.153846
2	0.258065	0.0	0.000000	0.134615

Step4：モデル構築

```
1  from sklearn.tree import DecisionTreeClassifier
2  from sklearn.ensemble import RandomForestClassifier
3  from sklearn.linear_model import LogisticRegression
4  from sklearn.neural_network import MLPClassifier
5
6  from sklearn.model_selection import train_test_split
7
8  # 今回は入浴をターゲット行動と定義
9  # 別の行動をターゲット行動にすることも可能
10 target_act = "BATHE"
11
```

```
12  X_train, X_test, y_train, y_test = train_test_split(X_df.values,
       y_df[target_act].values, shuffle=False)
13
14  decision_tree = DecisionTreeClassifier()
15  random_forest = RandomForestClassifier()
16  logistic_regression = LogisticRegression(max_iter=1000)
17  mlp = MLPClassifier(early_stopping=True)
18
19  decision_tree.fit(X_train, y_train)
20  print(" 決定木の学習完了 ")
21  random_forest.fit(X_train, y_train)
22  print(" ランダムフォレストの学習完了 ")
23  logistic_regression.fit(X_train, y_train)
24  print(" ロジスティック回帰の学習完了 ")
25  mlp.fit(X_train, y_train)
26  print(" ニューラルネットワークの学習完了 ")
```

Step5：モデル評価

決定木

```
1  from sklearn.metrics import classification_report
2
3  y_pred = decision_tree.predict(X_test)
4
5  print(classification_report(y_test, y_pred,
      target_names=["not_act", "in-act"]))
```

7 実例で学ぶ人間行動認識（サンプルコード付き）

```
1  # 出力
2              precision    recall  f1-score   support
3
4     not act       0.99      0.98      0.98    102581
5      in-act       0.30      0.39      0.34      2022
6
7    accuracy                           0.97    104603
8   macro avg       0.64      0.69      0.66    104603
9 weighted avg      0.97      0.97      0.97    104603
```

ランダムフォレスト

```
1  y_pred = random_forest.predict(X_test)
2
3  print(classification_report(y_test, y_pred,
       target_names=["not_act", "in-act"]))
4
```

```
1  # 出力
2              precision    recall  f1-score   support
3
4     not act       0.99      1.00      0.99    102581
5      in-act       0.90      0.25      0.39      2022
6
7    accuracy                           0.98    104603
8   macro avg       0.94      0.62      0.69    104603
9 weighted avg      0.98      0.98      0.98    104603
```

ロジスティック回帰

```
1  y_pred = logistic_regression.predict(X_test)
2
3  print(classification_report(y_test, y_pred,
       target_names=["not_act", "in-act"]))
```

```
1  # 出力
2             precision    recall  f1-score   support
3
      not act       0.99      1.00      0.99    102581
4      in-act       0.86      0.53      0.65      2022
5
6    accuracy                           0.99    104603
7   macro avg       0.93      0.76      0.82    104603
8 weighted avg      0.99      0.99      0.99    104603
```

ニューラルネットワーク

```
1  y_pred = mlp.predict(X_test)
2
3  print(classification_report(y_test, y_pred,
     target_names=["not act", "in-act"]))
4
```

```
1  # 出力
2             precision    recall  f1-score   support
3
4     not act       0.99      1.00      0.99    102581
5      in-act       0.91      0.43      0.58      2022
6
7    accuracy                           0.99    104603
8   macro avg       0.95      0.71      0.79    104603
9 weighted avg      0.99      0.99      0.99    104603
```

7.6.4 まとめ

　この実例を通して，家に設置された複数種類のセンサからの時系列データを利用して，住人の日常生活行動を自動的に推定する方法を学ぶことができた．特徴量の抽出からモデルの評価までの一連の流れを確認することで，実際の応用場面においても同様のアプローチを適用するヒントを得ることができることを期待する．

8 おわりに

　ユビキタスコンピューティングの時代を迎え，私たちの日常生活はコンピュータによって支えられるようになった。今やスマートフォンは私たちの手の延長のような存在となり，日々の生活のさまざまな局面でのサポートが確認されている。しかし，真に人とコンピュータが共生する未来を築くためには，コンピュータが私たちの行動や感情，状態を理解することが必要である。そうした背景から，この本では「人間行動認識」に焦点を当て，その技術的側面を深く探求した。第2章から第7章までの内容を通じて，人間行動認識の基礎知識を獲得すると同時に，実際のデータとプログラムを駆使した実践的なスキルが身についたことを期待する。また，人やモノに取り付けたIoTセンサを活用した認識技術の重要性を特に確認する過程で，新たな技術や手法の発展の可能性を感じることができたと思う。

　しかし，技術の進展には終わりがない。今後も，新しいセンサ技術の登場や機械学習の進化，そして人間の行動や感情のより深い理解が求められるだろう。この一冊が，新たな人間行動認識の研究に携わる読者の好奇心やアイデアの実現する際の基石となり，また新たな技術の革新を追求する原動力となることを期待する。

索　引

欧文

Confusion Matrix　67
ECG　15
ELAN　26
EMG　15
FFT　34
F値　67
GPS　9, 11
ICA　36
k-最近傍法　47
k-分割交差検証　64
k-分割層化交差検証　65
Label Studio　26
Leave-One-Group-Out　66
Leave-One-Out　66
Leave-One-Person-Out　66
Leave-One-Session-Out　66
LiDAR　11
LightGBM　51, 58
M5Stack　19
MFCC　34
PCA　36
p値　70
SenStick　18
SHapley Additive exPlanations　37
SHAP値　37
Time Use Survey　3
t-検定　70
t-SNE　37
WISDMデータセット　73
XGBoost　51

あ

アーリーストッピング　69

位置センサ　9
オーバーフィッティング　63
音響センサ　10
温湿度センサ　12

か

回帰問題　43, 66
過学習　69
学習率　69
過剰適合　69
加速度センサ　11
角加速度センサ　11
カメラ　12
環境光センサ　12
環境センサ　8
環境発電素子　103
慣性センサ　8
気圧センサ　12
偽陰性　67
機械学習　41
強化学習　43
教師あり学習　42
教師なし学習　42
偽陽性　67
近接センサ　12
筋電図　15
クォータニオンデータ　90
グリッドサーチ　68
訓練データ　63
欠損値　29
決定係数　66
検証データ　63
検定　70
効果量　71

索　引

交差検証　64, 66
高速フーリエ変換　34
混同行列　67

さ
再現率　67
サポートベクターマシン　49, 56
磁気センサ　12
次元削減　28, 36
ジニ係数　37
指紋センサ　12
ジャイロスコープ　11
主成分分析　36
真陰性　67
心電図　15
振動センサ　9
心拍センサ　10
真陽性　67
正解率　67
正規化　28
正則化　69
セグメンテーション　28
層化交差検証　65, 84

た
体幹トレーニング　97
多重検定　70
超音波センサ　10
データクレンジング　28
データフィルタリング　28, 30
適合率　67
テストデータ　63
電波センサ　9
特徴量エンジニアリング　69
特徴量選択　28, 36
特徴量抽出　28

独立成分分析　36

な
ナイーブベイズ　48
名札型のセンサ　103
ニューラルネットワーク　49

は
ハイパーパラメータ　68
外れ値　29
パワースペクトル密度　34
汎化能力　69
標準化　28
分類問題　43, 67
平均絶対誤差　66
平均二乗誤差　66
平均二乗対数誤差　66
ベイズ最適化　68
ベルト型のウェアラブルセンサ　82
棒体操　90
ホールドアウト検証　64
ホルム補正　71
ボンフェロニ補正　71

ま
マイク　12
マルチラベル　26
未学習　69
脈拍センサ　10
メル周波数ケプストラム係数　34

ら
ラベル付け　24
ラベル付けツール　26
ランダムサーチ　68
ランダムフォレスト　46, 54

著者略歴

荒川　豊（あらかわ　ゆたか）
2001 年　慶應義塾大学理工学部情報工学科卒業
2003 年　同大学大学院理工学研究科前期博士課程修了
2006 年　同大学大学院理工学研究科後期博士課程修了，博士（工学）
2006 年　同大学大学院理工学研究科特別研究助手
2009 年　九州大学大学院システム情報科学研究院助教
2013 年　奈良先端科学技術大学院大学情報科学研究科准教授
2019 年　九州大学大学院システム情報科学研究院教授
2022 年　九州大学総長補佐
IoT と AI を組み合わせた人に寄り添う情報システムに関する研究に従事。「人間行動認識および行動変容支援技術に関する学際的研究」に対して，令和 5 年度科学技術分野の文部科学大臣表彰科学技術賞（研究部門）受賞。

石田　繁巳（いしだ　しげみ）
2006 年　芝浦工業大学工学部電子工学科卒業
2008 年　東京大学大学院新領域創成科学研究科修士課程修了
2008 年　（株）アクティス
2012 年　東京大学大学院工学系研究科博士課程修了，博士（工学）
2013 年　米国ミネソタ大学客員研究員
2013 年　九州大学システム情報科学研究院助教
2021 年　公立はこだて未来大学准教授
無線通信，無線センサネットワーク，IoT センシングに関する研究に従事。

松田　裕貴（まつだ　ゆうき）
2013 年　明石工業高等専門学校電気情報工学科卒業
2015 年　明石工業高等専門学校専攻科機械・電子システム工学専攻卒業
2016 年　奈良先端科学技術大学院大学情報科学研究科博士前期課程修了
2019 年　奈良先端科学技術大学院大学情報科学研究科博士後期課程修了，博士（工学）
2019 年　同大学先端科学技術研究科助教
2024 年　岡山大学学術研究院環境生命自然科学学域講師
情報科学技術と人間との協調によるヒューマン・イン・ザ・ループなシステムに関する研究に従事。

中村　優吾（なかむら　ゆうご）
2013 年　函館工業高等専門学校情報工学科卒業
2015 年　函館工業高等専門学校専攻科生産システム工学専攻卒業
2017 年　奈良先端科学技術大学院大学情報科学研究科博士前期課程修了
2020 年　奈良先端科学技術大学院大学情報科学研究科博士後期課程修了，博士（工学）
2020 年　同大学先端科学技術研究科特任助教
2021 年　九州大学大学院システム情報科学研究院助教
2021 年　国立研究開発法人科学技術振興機構さきがけ研究者（兼務）
ユビキタスコンピューティングと行動変容支援システムに関する研究に従事。

安本 慶一（やすもと けいいち）
1991 年　大阪大学基礎工学部情報工学科卒業
1993 年　同大学大学院基礎工学研究科博士前期課程修了
1995 年　滋賀大学経済学部情報管理学科助手
1996 年　博士（工学）（大阪大学）学位取得
1998 年　滋賀大学経済学部情報管理学科助教授
2001 年　奈良先端科学技術大学院大学情報科学研究科助教授
2011 年　奈良先端科学技術大学院大学情報科学研究科教授
スマートホーム，スマートライフ，スマートシティに関する研究に従事。

Ⓒ Yutaka Arakawa, Shigemi Ishida, Yuki Matsuda,
Yugo Nakamura, Keiichi Yasumoto 2024

センサと機械学習ではじめる人間行動認識

2024年11月8日　第1版第1刷発行

著者	荒川　豊
	石田　繁巳
	松田　裕貴
	中村　優吾
	安本　慶一

発行者　田中　聡

発　行　所
株式会社 電気書院
ホームページ　www.denkishoin.co.jp
(振替口座　00190-5-18837)
〒101-0051　東京都千代田区神田神保町1-3 ミヤタビル2F
電話(03)5259-9160／FAX(03)5259-9162

印刷　創栄図書印刷株式会社
Printed in Japan／ISBN978-4-485-30265-1

- 落丁・乱丁の際は、送料弊社負担にてお取り替えいたします。

JCOPY 〈出版者著作権管理機構 委託出版物〉
本書の無断複写(電子化含む)は著作権法上での例外を除き禁じられています。複写される場合は、そのつど事前に、出版者著作権管理機構(電話：03-5244-5088, FAX：03-5244-5089, e-mail：info@jcopy.or.jp)の許諾を得てください。また本書を代行業者等の第三者に依頼してスキャンやデジタル化することは、たとえ個人や家庭内での利用であっても一切認められません。

書籍の正誤について

万一，内容に誤りと思われる箇所がございましたら，以下の方法でご確認いただきますようお願いいたします．

なお，正誤のお問合せ以外の書籍の内容に関する解説や受験指導などは**行っておりません**．このようなお問合せにつきましては，お答えいたしかねますので，予めご了承ください．

正誤表の確認方法

最新の正誤表は，弊社Webページに掲載しております．書籍検索で「正誤表あり」や「キーワード検索」などを用いて，書籍詳細ページをご覧ください．

正誤表があるものに関しましては，書影の下の方に正誤表をダウンロードできるリンクが表示されます．表示されないものに関しましては，正誤表がございません．

弊社Webページアドレス
https://www.denkishoin.co.jp/

正誤のお問合せ方法

正誤表がない場合，あるいは当該箇所が掲載されていない場合は，書名，版刷，発行年月日，お客様のお名前，ご連絡先を明記の上，具体的な記載場所とお問合せの内容を添えて，下記のいずれかの方法でお問合せください．

回答まで，時間がかかる場合もございますので，予めご了承ください．

郵便で問い合わせる　郵送先
〒101-0051
東京都千代田区神田神保町1-3
ミヤタビル2F
㈱電気書院　編集部　正誤問合せ係

FAXで問い合わせる　ファクス番号　03-5259-9162

ネットで問い合わせる　弊社Webページ右上の「**お問い合わせ**」から
https://www.denkishoin.co.jp/

お電話でのお問合せは，承れません

(2022年5月現在)